Steffen Scherr

FMCW-Radarsignalverarbeitung zur Entfernungsmessung mit hoher Genauigkeit

Karlsruher Forschungsberichte
aus dem Institut für Hochfrequenztechnik und Elektronik

Herausgeber: Prof. Dr.-Ing. Thomas Zwick

Band 83

FMCW-Radarsignalverarbeitung zur Entfernungsmessung mit hoher Genauigkeit

von
Steffen Scherr

KIT Scientific Publishing

Dissertation, Karlsruher Institut für Technologie (KIT)
Fakultät für Elektrotechnik und Informationstechnik, 2016

Impressum

KIT Scientific Publishing

Karlsruher Institut für Technologie (KIT)
KIT Scientific Publishing
Straße am Forum 2
D-76131 Karlsruhe

KIT Scientific Publishing is a registered trademark of Karlsruhe Institute of Technology. Reprint using the book cover is not allowed.

www.ksp.kit.edu

Print on Demand 2017 – Gedruckt auf FSC-zertifiziertem Papier

ISSN 1868-4696
ISBN 978-3-7315-0607-2
DOI 10.5445/KSP/1000062132

Vorwort des Herausgebers

Radare sind längst nicht nur in der Luft- und Raumfahrt oder der Verteidigung im Einsatz. In vielen Bereichen des täglichen Lebens begegnen uns heute Radare ohne dass wir dies explizit bemerken. Speziell die Bewegungsdetektion, z.B. zum Öffnen von Türen, oder auch in Alarmanlagen, ist weit verbreitet. Ein weiteres wichtiges Anwendungsfeld, in dem Radarsysteme, dank der enormen Fortschritte der Halbleitertechnologien, in den letzten 15 Jahren Einzug erhielten, ist die Automobilumfeldsensorik. Radarsysteme bieten zwar bei weitem nicht die Auflösung optischer Systeme, können aber im Gegensatz zu diesen auch bei schlechten Witterungsbedingungen noch brauchbare Messwerte liefern. Diese Eigenschaft ist auch der Grund für den zunehmenden Einsatz von Radaren im industriellen Umfeld mit der berührungslosen Füllstandsmessung von Flüssigkeiten alsmomentanes Haupteinsatzfeld. Im Gegensatz zu den zuvor genannten Anwendungen besteht die Aufgabe des Radarsensors bei den industriellen Anwendungen meist aus der möglichst genauen Abstandsbestimmung nur eines Ziels. Kommerzielle Systeme haben bereits Abstandsgenauigkeiten von 1 mm erreicht. In der Forschung dagegen wurde basierend auf neuartigen Algorithmen und verbesserter Hardware in den letzten Jahren sogar von Werten im Mikrometerbereich berichtet. Die verwendeten Signalverarbeitungsalgorithmen sind dabei allerdings meist weder auf maximale Entfernungsgenauigkeit noch auf Echtzeitfähigkeit optimiert. Genau an dieser Stelle setzt die Arbeit von Herrn Scherr an. Herr Scherr hat wichtige wissenschaftliche Grundlagen zur hochgenauen Entfernungsmessung mit FMCW-Radaren erarbeitet. Er hat die theoretischen Grundlagen der hochgenauen Abstandsmessung mit Radar umfassend erarbeitet und erstmalig ein theoretisches Maximum dafür hergeleitet. Dies ist eine wesentliche Voraussetzung für eine spätere zielgerichtete Entwicklung. Der in dieser Arbeit entwickelte iterative CZT-Algorithmus erlaubt eine echtzeitfähige Auswertung und hochgenaue Messungen selbst von sich bewegenden Zielen. Dies wurde erfolgreich analytisch und messtechnisch nachgewiesen. Basierend auf dem von Herrn Scherr entwickelten

Algorithmus konnte mit einem 80 GHz Radar und großem Eindeutigkeitsbereich ein weltweiter Rekord mit einer Messgenauigkeit von 1 µm aufgestellt werden. Zusätzlich zu dem vorgeschlagenen, sehr robusten iterativen CZT-Algorithmus wurden Parameterschätzer und Zeitbereichsschätzer umfassend untersucht. Es zeigte sich, dass Non-Linear Least Squares Schätzer im Fall von systematischen Störungen gut geeignet sein werden. Durch die erfolgreiche Implementierung der neuen Algorithmen in FPGAs und die Integration dieser mit Radaren in industriellen Maschinen wurde die Anwendbarkeit der neuen Technologie sehr erfolgreich gezeigt. Die von Herrn Scherr entwickelten Algorithmen liefern nicht nur Rekordergebnisse, sondern sind gleichzeitig auch für eine Echtzeitimplementierung geeignet. Ich bin mir sicher, dass seine Ansätze in der Wissenschaft und insbesondere der Industrie weltweit aufgegriffen und weiterentwickelt werden. Herrn Scherr wünsche ich, dass seine Kreativität und sein enormes Fachwissen ihn auch weiterhin zu wissenschaftlichen und wirtschaftlichen Erfolgen führen werden.

Prof. Dr.-Ing. Thomas Zwick
– Director of the IHE –

Forschungsberichte aus dem Institut für Höchstfrequenztechnik und Elektronik (IHE) der Universität Karlsruhe (TH) (ISSN 0942-2935)

Herausgeber: Prof. Dr.-Ing. Dr. h.c. Dr.-Ing. E.h. mult. Werner Wiesbeck

Band 1 Daniel Kähny
Modellierung und meßtechnische Verifikation polarimetrischer, mono- und bistatischer Radarsignaturen und deren Klassifizierung (1992)

Band 2 Eberhardt Heidrich
Theoretische und experimentelle Charakterisierung der polarimetrischen Strahlungs- und Streueigenschaften von Antennen (1992)

Band 3 Thomas Kürner
Charakterisierung digitaler Funksysteme mit einem breitbandigen Wellenausbreitungsmodell (1993)

Band 4 Jürgen Kehrbeck
Mikrowellen-Doppler-Sensor zur Geschwindigkeits- und Wegmessung - System-Modellierung und Verifikation (1993)

Band 5 Christian Bornkessel
Analyse und Optimierung der elektrodynamischen Eigenschaften von EMV-Absorberkammern durch numerische Feldberechnung (1994)

Band 6 Rainer Speck
Hochempfindliche Impedanzmessungen an Supraleiter / Festelektrolyt-Kontakten (1994)

Band 7 Edward Pillai
Derivation of Equivalent Circuits for Multilayer PCB and Chip Package Discontinuities Using Full Wave Models (1995)

Band 8 Dieter J. Cichon
Strahlenoptische Modellierung der Wellenausbreitung in urbanen Mikro- und Pikofunkzellen (1994)

Band 9 Gerd Gottwald
Numerische Analyse konformer Streifenleitungsantennen in mehrlagigen Zylindern mittels der Spektralbereichsmethode (1995)

Band 10 Norbert Geng
Modellierung der Ausbreitung elektromagnetischer Wellen in Funksystemen durch Lösung der parabolischen Approximation der Helmholtz-Gleichung (1996)

Band 11 Torsten C. Becker
Verfahren und Kriterien zur Planung von Gleichwellennetzen für den Digitalen Hörrundfunk DAB (Digital Audio Broadcasting) (1996)

Forschungsberichte aus dem
Institut für Höchstfrequenztechnik und Elektronik (IHE)
der Universität Karlsruhe (TH) (ISSN 0942-2935)

Band 12 Friedhelm Rostan
Dual polarisierte Microstrip-Patch-Arrays für zukünftige satellitengestützte SAR-Systeme (1996)

Band 13 Markus Demmler
Vektorkorrigiertes Großsignal-Meßsystem zur nichtlinearen Charakterisierung von Mikrowellentransistoren (1996)

Band 14 Andreas Froese
Elektrochemisches Phasengrenzverhalten von Supraleitern (1996)

Band 15 Jürgen v. Hagen
Wide Band Electromagnetic Aperture Coupling to a Cavity: An Integral Representation Based Model (1997)

Band 16 Ralf Pötzschke
Nanostrukturierung von Festkörperflächen durch elektrochemische Metallphasenbildung (1998)

Band 17 Jean Parlebas
Numerische Berechnung mehrlagiger dualer planarer Antennen mit koplanarer Speisung (1998)

Band 18 Frank Demmerle
Bikonische Antenne mit mehrmodiger Anregung für den räumlichen Mehrfachzugriff (SDMA) (1998)

Band 19 Eckard Steiger
Modellierung der Ausbreitung in extrakorporalen Therapien eingesetzter Ultraschallimpulse hoher Intensität (1998)

Band 20 Frederik Küchen
Auf Wellenausbreitungsmodellen basierende Planung terrestrischer COFDM-Gleichwellennetze für den mobilen Empfang (1998)

Band 21 Klaus Schmitt
Dreidimensionale, interferometrische Radarverfahren im Nahbereich und ihre meßtechnische Verifikation (1998)

Band 22 Frederik Küchen, Torsten C. Becker, Werner Wiesbeck
Grundlagen und Anwendungen von Planungswerkzeugen für den digitalen terrestrischen Rundfunk (1999)

Band 23 Thomas Zwick
Die Modellierung von richtungsaufgelösten Mehrwegegebäudefunkkanälen durch markierte Poisson-Prozesse (2000)

Forschungsberichte aus dem
Institut für Höchstfrequenztechnik und Elektronik (IHE)
der Universität Karlsruhe (TH) (ISSN 0942-2935)

Band 24 Dirk Didascalou
Ray-Optical Wave Propagation Modelling in Arbitrarily Shaped Tunnels (2000)

Band 25 Hans Rudolf
Increase of Information by Polarimetric Radar Systems (2000)

Band 26 Martin Döttling
Strahlenoptisches Wellenausbreitungsmodell und Systemstudien für den Satellitenmobilfunk (2000)

Band 27 Jens Haala
Analyse von Mikrowellenheizprozessen mittels selbstkonsistenter finiter Integrationsverfahren (2000)

Band 28 Eberhard Gschwendtner
Breitbandige Multifunktionsantennen für den konformen Einbau in Kraftfahrzeuge (2001)

Band 29 Dietmar Löffler
Breitbandige, zylinderkonforme Streifenleitungsantennen für den Einsatz in Kommunikation und Sensorik (2001)

Band 30 Xuemin Huang
Automatic Cell Planning for Mobile Network Design: Optimization Models and Algorithms (2001)

Band 31 Martin Fritzsche
Anwendung von Verfahren der Mustererkennung zur Detektion von Landminen mit Georadaren (2001)

Band 32 Siegfried Ginter
Selbstkonsistente Modellierung der Erhitzung von biologischem Gewebe durch hochintensiven Ultraschall (2002)

Band 33 Young Jin Park
Applications of Photonic Bandgap Structures with Arbitrary Surface Impedance to Luneburg Lenses for Automotive Radar (2002)

Band 34 Alexander Herschlein
Entwicklung numerischer Verfahren zur Feldberechnung konformer Antennen auf Oberflächen höherer Ordnung (2002)

Band 35 Ralph Schertlen
Mikrowellenprozessierung nanotechnologischer Strukturen am Beispiel von Zeolithen (2002)

Forschungsberichte aus dem Institut für Höchstfrequenztechnik und Elektronik (IHE) der Universität Karlsruhe (TH) (ISSN 0942-2935)

Band 36 Jürgen von Hagen
Numerical Algorithms for the Solution of Linear Systems of Equations Arising in Computational Electromagnetics (2002)

Band 37 Ying Zhang
Artificial Perfect Magnetic Conductor and its Application to Antennas (2003)

Band 38 Thomas M. Schäfer
Experimentelle und simulative Analyse der Funkwellenausbreitung in Kliniken (2003)

Band 39 Christian Fischer
Multistatisches Radar zur Lokalisierung von Objekten im Boden (2003)

Band 40 Yan C. Venot
Entwicklung und Integration eines Nahbereichsradarsensorsystems bei 76,5 GHz (2004)

Band 41 Christian Waldschmidt
Systemtheoretische und experimentelle Charakterisierung integrierbarer Antennenarrays (2004)

Band 42 Marwan Younis
Digital Beam-Forming for high Resolution Wide Swath Real and Synthetic Aperture Radar (2004)

Band 43 Jürgen Maurer
Strahlenoptisches Kanalmodell für die Fahrzeug-Fahrzeug-Funkkommunikation (2005)

Band 44 Florian Pivit
Multiband-Aperturantennen für Basisstationsanwendungen in rekonfigurierbaren Mobilfunksystemen (2005)

Band 45 Sergey Sevskiy
Multidirektionale logarithmisch-periodische Indoor-Basisstationsantennen (2006)

Band 46 Martin Fritz
Entwurf einer breitbandigen Leistungsendstufe für den Mobilfunk in Low Temperature Cofired Ceramic (2006)

Band 47 Christiane Kuhnert
Systemanalyse von Mehrantennen-Frontends (MIMO) (2006)

Band 48 Marco Liebler
Modellierung der dynamischen Wechselwirkungen von hoch-intensiven Ultraschallfeldern mit Kavitationsblasen (2006)

Forschungsberichte aus dem
Institut für Höchstfrequenztechnik und Elektronik (IHE)
der Universität Karlsruhe (TH) (ISSN 0942-2935)

Band 49 Thomas Dreyer
Systemmodellierung piezoelektrischer Sender zur Erzeugung hochintensiver Ultraschallimpulse für die medizinische Therapie (2006)

Band 50 Stephan Schulteis
Integration von Mehrantennensystemen in kleine mobile Geräte für multimediale Anwendungen (2007)

Band 51 Werner Sörgel
Charakterisierung von Antennen für die Ultra-Wideband-Technik (2007)

Band 52 Reiner Lenz
Hochpräzise, kalibrierte Transponder und Bodenempfänger für satellitengestützte SAR-Missionen (2007)

Band 53 Christoph Schwörer
Monolithisch integrierte HEMT-basierende Frequenzvervielfacher und Mischer oberhalb 100 GHz (2008)

Band 54 Karin Schuler
Intelligente Antennensysteme für Kraftfahrzeug-Nahbereichs-Radar-Sensorik (2007)

Band 55 Christian Römer
Slotted waveguide structures in phased array antennas (2008)

Fortführung als
"Karlsruher Forschungsberichte aus dem Institut für Hochfrequenztechnik und Elektronik" bei KIT Scientific Publishing
(ISSN 1868-4696)

Karlsruher Forschungsberichte aus dem Institut für Hochfrequenztechnik und Elektronik (ISSN 1868-4696)

Herausgeber: Prof. Dr.-Ing. Thomas Zwick

Die Bände sind unter www.ksp.kit.edu als PDF frei verfügbar oder als Druckausgabe bestellbar.

Band 55 Sandra Knörzer
Funkkanalmodellierung für OFDM-Kommunikationssysteme bei Hochgeschwindigkeitszügen (2009)
ISBN 978-3-86644-361-7

Band 56 Thomas Fügen
Richtungsaufgelöste Kanalmodellierung und Systemstudien für Mehrantennensysteme in urbanen Gebieten (2009)
ISBN 978-3-86644-420-1

Band 57 Elena Pancera
Strategies for Time Domain Characterization of UWB Components and Systems (2009)
ISBN 978-3-86644-417-1

Band 58 Jens Timmermann
Systemanalyse und Optimierung der Ultrabreitband-Übertragung (2010)
ISBN 978-3-86644-460-7

Band 59 Juan Pontes
Analysis and Design of Multiple Element Antennas for Urban Communication (2010)
ISBN 978-3-86644-513-0

Band 60 Andreas Lambrecht
True-Time-Delay Beamforming für ultrabreitbandige Systeme hoher Leistung (2010)
ISBN 978-3-86644-522-2

Band 61 Grzegorz Adamiuk
Methoden zur Realisierung von dual-orthogonal, linear polarisierten Antennen für die UWB-Technik (2010)
ISBN 978-3-86644-573-4

Band 62 Jutta Kühn
AlGaN/GaN-HEMT Power Amplifiers with Optimized Power-Added Efficiency for X-Band Applications (2011)
ISBN 978-3-86644-615-1

Karlsruher Forschungsberichte aus dem Institut für Hochfrequenztechnik und Elektronik (ISSN 1868-4696)

Band 63 Małgorzata Janson
Hybride Funkkanalmodellierung für ultrabreitbandige MIMO-Systeme (2011)
ISBN 978-3-86644-639-7

Band 64 Mario Pauli
Dekontaminierung verseuchter Böden durch Mikrowellenheizung (2011)
ISBN 978-3-86644-696-0

Band 65 Thorsten Kayser
Feldtheoretische Modellierung der Materialprozessierung mit Mikrowellen im Durchlaufbetrieb (2011)
ISBN 978-3-86644-719-6

Band 66 Christian Andreas Sturm
Gemeinsame Realisierung von Radar-Sensorik und Funkkommunikation mit OFDM-Signalen (2012)
ISBN 978-3-86644-879-7

Band 67 Huaming Wu
Motion Compensation for Near-Range Synthetic Aperture Radar Applications (2012)
ISBN 978-3-86644-906-0

Band 68 Friederike Brendel
Millimeter-Wave Radio-over-Fiber Links based on Mode-Locked Laser Diodes (2013)
ISBN 978-3-86644-986-2

Band 69 Lars Reichardt
Methodik für den Entwurf von kapazitätsoptimierten Mehrantennensystemen am Fahrzeug (2013)
ISBN 978-3-7315-0047-6

Band 70 Stefan Beer
Methoden und Techniken zur Integration von 122 GHz Antennen in miniaturisierte Radarsensoren (2013)
ISBN 978-3-7315-0051-3

Band 71 Łukasz Zwirełło
Realization Limits of Impulse-Radio UWB Indoor Localization Systems (2013)
ISBN 978-3-7315-0114-5

Band 72 Xuyang Li
Body Matched Antennas for Microwave Medical Applications (2014)
ISBN 978-3-7315-0147-3

Karlsruher Forschungsberichte aus dem Institut für Hochfrequenztechnik und Elektronik (ISSN 1868-4696)

Band 73 Sebastian Diebold
Transistor- und Leitungsmodellierung zum Entwurf von monolithisch integrierten Leistungsverstärkern für den hohen Millimeterwellen-Frequenzbereich (2014)
ISBN 978-3-7315-0161-9

Band 74 Christian Rusch
Integrierte, planare Leckwellenantennen für 3D-Millimeterwellen-Radarsysteme basierend auf dem holografischen Prinzip (2014)
ISBN 978-3-7315-0234-0

Band 75 Marlene Harter
Dreidimensional bildgebendes Radarsystem mit digitaler Strahlformung für industrielle Anwendungen (2014)
ISBN 978-3-7315-0249-4

Band 76 Michael A. Baldauf
Abhängigkeit der Exposition von der Zellgröße beim Mobilfunk unter Gewährleistung der Versorgung (2015)
ISBN 978-3-7315-0308-8

Band 77 Alicja Ossowska
Highly Resolved Synthetic Aperture Radar with Beam Steering (2015)
ISBN 978-3-7315-0315-6

Band 78 Małgorzata Dominika Brzeska
RF Modelling and Characterization of Tyre Pressure Sensors and Vehicle Access Systems (2015)
ISBN 978-3-7315-0348-4

Band 79 Ulrich Lewark
Aktive Frequenzvervielfacher zur Signalerzeugung im Millimeter- und Submillimeterwellen Frequenzbereich (2015)
ISBN 978-3-7315-0354-5

Band 80 Kai-Philipp Walter Pahl
Distributed Transformers for Broadband Monolithic Millimeter-Wave Integrated Power Amplifiers (2015)
ISBN 978-3-7315-0409-2

Band 81 Serdal Ayhan
Hochgenaue radarbasierte Abstandsmessung mit geführter Wellenausbreitung (2016)
ISBN 978-3-7315-0433-7

Karlsruher Forschungsberichte aus dem
Institut für Hochfrequenztechnik und Elektronik
(ISSN 1868-4696)

Band 82 Yoke Leen Sit
MIMO OFDM Radar-Communication System with Mutual Interference Cancellation (2017)
ISBN 978-3-7315-0599-0

Band 83 Steffen Scherr
FMCW-Radarsignalverarbeitung zur Entfernungsmessung mit hoher Genauigkeit (2017)
ISBN 978-3-7315-0607-2

FMCW-Radarsignalverarbeitung zur Entfernungsmessung mit hoher Genauigkeit

Zur Erlangung des akademischen Grades eines

DOKTOR-INGENIEURS

von der Fakultät für
Elektrotechnik und Informationstechnik
des Karlsruher Instituts für Technologie (KIT)

genehmigte

DISSERTATION

von

Dipl.-Ing. Steffen Harald Scherr

geb. in Speyer

Tag der mündlichen Prüfung: 28.10.2016

Hauptreferent: Prof. Dr.-Ing. Thomas Zwick
Korreferent: Prof. Dr.-Ing. Martin Vossiek

Vorwort

Die vorliegende Dissertation entstand während meiner Zeit als wissenschaftlicher Mitarbeiter am Institut für Hochfrequenztechnik und Elektronik (IHE) des Karlsruher Instituts für Technologie (KIT).

Zuallererst möchte ich mich bei Herrn Prof. Dr.-Ing. Thomas Zwick, dem Institutsleiter des IHE, für die umfassende Betreuung meiner Promotion und die Übernahme des Hauptreferats bedanken. Auf seine Unterstützung konnte ich mich bei allen Themen im Rahmen der Promotion immer verlassen. Mein weiterer Dank gilt Herrn Prof. Dr.-Ing. Martin Vossiek von der Friedrich-Alexander Universität Erlangen-Nürnberg für die Übernahme des Korreferats.

Zum erfolgreichen Abschluss dieser Arbeit haben alle Mitarbeiter des IHE beigetragen. Für die angenehme Arbeitsatmosphäre möchte ich mich bei allen Mitarbeitern des IHE, den Mitarbeitern in der Technik, dem Sekretariat, der Werkstatt und besonders bei meinen Zimmerkollegen Ronald Vester und Serdal Ayhan bedanken. An die Werkstatt des IHE geht mein Dank für die Umsetzung einer Vielzahl von Spezialaufbauten. Des Weiteren möchte ich mich bei all meinen Studenten bedanken, die durch ihre Mitarbeit zum Gelingen meiner Dissertation beigetragen haben. Für eine sportliche Abwechslung zur Dissertation sorgte die Laufgruppe des IHE, die an dieser Stelle nicht unerwähnt bleiben sollte und der auch mein Dank gilt.

Besonders danke ich Mario Pauli und Serdal Ayhan für die kritische Durchsicht meines Manuskripts. Für die hervorragende Zusammenarbeit an unserem Radarprojekt, die vielen fachlichen Diskussionen und die ständige Unterstützung während der Promotion möchte ich mich ganz besonders bei Serdal Ayhan bedanken.

Mein herzlicher Dank geht an meine Familie und Freunde, die mich während der gesamten Promotionszeit stets mit viel Geduld und Zuspruch begleitet haben.

Karlsruhe, im Dezember 2016

Steffen Scherr

Zusammenfassung

Entfernungsmessungen mit Genauigkeiten im Mikrometerbereich sind für die korrekte Regelung von industriellen Maschinen essentiell. In diesen Messumgebungen entstehen bei der mechanischen Bearbeitung von Werkstücken häufig Staub, Dämpfe und umherfliegende Späne, die eine Messung erschweren. Auf Grund der hohen Genauigkeitsanforderungen, der hohen erforderlichen Messwiederholraten und der schwierigen Messumgebungen sind neue Messkonzepte erforderlich. In dieser Arbeit wird untersucht, welche Genauigkeiten mit FMCW-Radaren, die eine zusätzliche Phasenauswertung zur Steigerung der Genauigkeit von Entfernungsmessungen einsetzen, erreicht werden können. Dieses Radarkonzept ermöglicht einen hohen Eindeutigkeitsbereich und eine Genauigkeit im Mikrometerbereich, ohne gesteigerte Anforderungen an die Hardware zu stellen. Das Konzept zur Steigerung der Genauigkeit durch die Kombination von Frequenz und Phase wird im Detail beschrieben und die notwendigen Bedingungen zur Anwendung der Phasenauswertung werden abgeleitet. Um zu zeigen, dass sich das Konzept für jegliche FMCW-Radare eignet, werden vier verschiedene FMCW-Radare bei Frequenzen von 24 GHz, 61 GHz, 80 GHz und 122 GHz in Messungen verwendet. Es können mit allen vorgestellten Radaren Genauigkeiten im Mikrometerbereich erzielt werden. Mit dem breitbandigen 80 GHz FMCW-Radar wird sogar eine Genauigkeit von unter einem Mikrometer demonstriert.

Um im Vorfeld abschätzen zu können, welche Genauigkeit im theoretisch optimalen Fall für ein bestimmtes FMCW-Radar erreicht werden kann, wird eine statistische Grenze für das neue Konzept abgeleitet und mit Messungen verifiziert. Des Weiteren lässt sich mit der Grenze zeigen, dass die Genauigkeit von FMCW-Radaren im Wesentlichen vom Signal-Rausch-Verhältnis, der Bandbreite und im Fall der Phasenauswertung von der Frequenz abhängt.

In industriellen Maschinen treten, um wirtschaftlich zu arbeiten, hohe Geschwindigkeiten auf, so dass eine Analyse des Doppler-Effekts in Bezug auf die Auswertemethode durchgeführt wird. Ein Algorithmus zur vollständigen Kompen-

sation des Doppler-Effekts wird vorgeschlagen und es wird in Messungen für Geschwindigkeiten bis zu 1 m/s gezeigt, dass die gleiche Genauigkeit im Mikrometerbereich wie bei statischen Messungen erreichbar ist.
Zur Berechnung der Entfernung wird ein Algorithmus entwickelt, der im Fall von weißem Rauschen die statistische Grenze der Genauigkeit erreicht und sich echtzeitfähig auf einem FPGA implementieren lässt. Für die Kompensation von systematischen Störungen, wie sie in Messungen durch Mehrfachreflexionen und Mehrwegeausbreitung auftreten, wird mit einem neu entwickelten, modellbasierten Algorithmus die Genauigkeit der Entfernungsmessungen signifikant gesteigert.
In verschiedenen industriellen Anwendungen wird gezeigt, dass mit den FMCW-Radaren und den entwickelten Methoden Entfernungsmessungen in Bereichen ermöglicht werden, in denen es bisher nicht möglich war zu messen. In Messungen durch das Öl eines Hydraulikzylinders hindurch wird eine Genauigkeit von 200 µm erreicht und in Werkzeugmaschinen können Entfernungen in Echtzeit mit einer Genauigkeit von besser als 15 µm direkt am Werkstück gemessen werden. Im Labor konnten darüber hinaus Genauigkeiten < 1 µm nachgewiesen werden.

Inhaltsverzeichnis

Abkürzungen und Symbole

Abkürzungsverzeichnis

A/D	Analog-Digital
CRB	Cramér–Rao Bound
CW	Continuous Wave
CZT	Chirp-z-Transformation
DDS	Direct Digital Synthesis
DFG	Deutsche Forschungsgemeinschaft
DFT	Discrete Fourier Transform
DoA	Direction of Arrival
EKF	Erweitertes Kalman-Filter
EM	Expectation-Maximization
ESPRIT	Estimation of Signal Parameters via Rotational Invariance Techniques
FFT	Fast Fourier Transform
FHR	Fraunhofer-Institut für Hochfrequenzphysik und Radartechnik
FIR	Finite Impulse Response
FMCW	Frequency Modulated Continuous Wave
FPGA	Field Programmable Gate Array
HDPE	High Density Polyethylene
IHE	Institut für Hochfrequenztechnik und Elektronik
IQ	In-Phase-&-Quadratur
ISM	Industrial, Scientific and Medical

ISW	Institut für Steuerungstechnik der Werkzeugmaschinen und Fertigungseinrichtungen
LDO	Low-Drop-Spannungsregler
LLS	Linear Least Squares Schätzer
LNA	Low Noise Amplifier
MMIC	Monolithic Microwave Integrated Circuit
MSE	Mean Squared Error
MUSIC	Multiple Signal Classification
NLLS	Non-Linear Least Squares Schätzer
PCB	Printed Circuit Board
PLL	Phase-Locked Loop
QFN	Quad Flat No Leads Package
Radar	Radio Detection and Ranging
RCS	Radar Cross Section
SAGE	Space-Alternating Generalized Expectation Maximization
SiGe	Silizium-Germanium
SNR	Signal-Rausch-Verhältnis
SPP	Schwerpunktprogramm
TCP	Tool Center Point
USB	Universal Serial Bus
VCO	Voltage-Controlled Oscillator
ZF	Zwischenfrequenz
ZIM	Zentrales Innovationsprogramm Mittelstand

Lateinische Symbole und Variablen

A	Amplitude einer Sinusschwingung
a	Laufvariable
$\hat{A}$	Schätzwert der Amplitude A
$\tilde{A}$	Amplitude eines sinusförmigen Störsignals
$\hat{\tilde{A}}_1$	Geschätzte Amplitude des ersten sinusförmigen Störsignals
$\hat{\tilde{A}}_\mathrm{a}$	Geschätzte Amplitude des a-ten sinusförmigen Störsignals
b	Parametervektor (Statistik)
B_CZT	Bandbreite der CZT
$E\{\hat{b}\}$	Erwartungswert von $\hat{b}$
$\mathrm{var}\{\hat{b}\}$	Varianz von $\hat{b}$
B_EKF	Beobachtungsmatrix des EKFs
$B_\mathrm{EKF,lin}$	Linearisierte Beobachtungsmatrix des EKFs
$\hat{b}$	Schätzergebnis des Parametervektors
$\mathrm{MSE}\{\hat{b}\}$	MSE von $\hat{b}$
B	Bandbreite des FMCW-Radars
$\tilde{b}$	Abweichung vom wahren Wert von b
B_ZF	Empfängerbandbreite
c_0	Lichtgeschwindigkeit
$C_{\tilde{b}\tilde{b}}$	Fehlerkovarianz eines Schätzers
D	Antennenapertur
d	Faktor des Resamplings oder Downsamplings
Δf_CZT	Frequenzauflösung der CZT
Δf_DFT	Frequenzauflösung der DFT
$\Delta f_\mathrm{e,s}$	Normalisierter Frequenzfehler der Zwischenfrequenz
F	Rauschzahl
f_0	Frequenzoffset
f_c	Mittenfrequenz
f_D	Dopplerfrequenz
Δf_ZF	ZF-Änderung
$f_\mathrm{e,D}$	Durch den Doppler-Effekt verursachter Frequenzfehler
Δf_e	Frequenzfehler der Zwischenfrequenz
$f(\hat{b})$	Wahrscheinlichkeitsdichtefunktion von $\hat{b}$

f_{m}	Frequenzabstand zum Träger
$f_{\max}$	Maximalfrequenz der Rampe
$f_{\min}$	Minimalfrequenz der Rampe
f_{rx}	Empfangsfrequenz der Rampe nach Reflexion mit einem Ziel
f_{s}	Abtastfrequenz
f_{tx}	Sendefrequenz der Rampe
f_{ZF}	Zwischenfrequenz eines FMCW Radars
$\mathrm{var}\{\hat{f}_{\mathrm{ZF}}\}$	CRB für die Frequenzschätzung
$\hat{f}_{\mathrm{ZF}}$	Geschätzte Zwischenfrequenz eines FMCW Radars
$f_{\mathrm{ZF,s}}$	Normalisierte Zwischenfrequenz
G	Antennengewinn
h	Parameteranzahl
I	Einheitsmatrix
J	Jacobi-Matrix
K	Anzahl der mit der CZT berechneten Frequenzen
k	Diskreter Frequenzindex
k_{B}	Boltzmann-Konstante
K_{G}	Grundgleichungen des EKFs
$L(b\|y)$	Likelihood-Funktion
$\mathcal{L}_{\mathrm{SSB,ZF}}$	Einseitenbandphasenrauschspektrum
M	Anzahl Ziele in Mehrzielszenarien
m	Modell zum Approximieren von Messwerten (allg.)
N	Anzahl verfügbarer Messpunkte nach der A/D-Wandlung oder Stichprobenumfang
n	Diskreter Zeitindex
p	Ganzzahliger Zählindex für Entfernungszellen
P_{tx}	Sendeleistung des FMCW-Radars
$\vec{q}$	Fehlervektor
r	Entfernung des Ziels zum Radar
r_{abs}	Zielposition bei gemeinsamer Frequenz- und Phasenauswertung
Δr	Entfernungsauflösung
$r_{\Delta\varphi}$	Änderung der nur über die Phase berechneten Entfernung zwischen dem Startpunkt der Messung und der aktuellen Zielposition

r_{e}	Entfernungsfehler
$\overline{r}_e$	Verbleibender Fehler nach Mittelung des Entfernungsfehlers von Aufwärts- und Abwärtsrampe
r_{f}	Zielposition bei ausschließlicher Entfernungsberechnung über die Frequenz
r_{φ}	Zielposition bei ausschließlicher Entfernungsberechnung über die Phase ohne Frequenzauswertung
s_{N}	Ergebnis der Phasenschätzung aus Korrelation oder über CZT
$\tilde{s}_{\mathrm{N}}$	Phasenschätzwert mit normalisiertem Frequenzfehler
T	Rampendauer
t	Zeit
t_{down}	Startzeitpunkt der Abwärtsrampe
T_{p}	Zeitdauer konstanter Frequenz zwischen zwei Rampen
t_{s}	Dauer zwischen den Abtastzeitpunkten
t'	Verzögerungszeit
T_{T}	Temperatur
t_{up}	Startzeitpunkt der Aufwärtsrampe
V_{course}	Grobe Spannungseinstellung des VCOs
V_{fine}	Genaue Spannungseinstellung des VCOs in der PLL
v_{gr}	Gruppengeschwindigkeit
v	Geschwindigkeit
$W(t)$	weißes Rauschen der Leistung σ^2
w	Anzahl an Wiederholungen des iterativen CZT Algorithmus
X	Anzahl der Störungen im ZF-Signal
$x(t)$	Allgemeine Sinusschwingung
$x_{\mathrm{erw}}(t)$	Erweitertes Signalmodell um Störungen im ZF-Signal zu berücksichtigen
$X_{\mathrm{k,CZT}}$	CZT von x_{n}
$X_{\mathrm{k,DFT}}$	DFT von x_{n}
$x_{\mathrm{M}}(t)$	Überlagerung von M komplexen Sinusschwingungen
x_{n}	Zeitdiskrete Sinusschwingung
x_{s}	Abtastwerte nach der A/D-Wandlung
y	Messwerte (allg.)
z^{-1}	Verzögerung um einen Schritt im Blockdiagramm

Griechische Symbole und Variablen

α	Dämpfungsfaktor (NLLS)
β	Parameter zur Einstellung der Eigenschaften des Kaiser-Fensters
ϵ	Systematischer Fehlerterm der Korrelationsmethode zur Phasenauswertung
ε	Quadratischer Fehler (NLLS)
$\gamma(n)$	Zustand des EKFs
$\hat{\gamma}(n)$	Schätzwert des Zustands des EKFs
$\gamma^{*}(n)$	Prädikition des Zustands des EKFs
$\vec{\gamma}$	Zustandsvektor des EKFs
ι	Fisher'sche Informationsmatrix
κ	Steigung der Frequenzrampe
λ	Wellenlänge des FMCW Radars
$\tilde{\omega}$	Kreisfrequenz eines sinusförmigen Störsignals
$\hat{\tilde{\omega}}_1$	Kreisfrequenz des ersten sinusförmigen Störsignals
ω_{ZF}	Kreisfrequenz der ZF
Φ_{rx}	Empfangssignal der Rampe
Φ_{tx}	Sendesignal der Rampe
Φ_{ZF}	Zwischenfrequenzsignal
Ψ	Systemmatrix des EKFs (engl. *discrete fundamental matrix* oder *state transition matrix*)
ρ	Wahrscheinlichkeitsdichte
σ^2	Varianz des weißen Rauschens / Leistung des weißen Rauschens
σ_{RCS}	Radarquerschnitt (RCS)
η	Signal-Rausch-Verhältnis
τ	Gesamtlaufzeit eines Radarsignals (stationäres Ziel)
$\vec{\theta}_{\mathrm{s}}$	Anfangswerte des Schätzparameters (NLLS)
θ	Schätzparameter (NLLS)
$\tilde{\tau}(t)$	Zeitabhängige Gesamtlaufzeit eines Radarsignals (stationäres Ziel)
φ_{e}	Phasenfehler

$\mathrm{var}\{\hat{\varphi}_{\mathrm{phase}}\}$	Theoretische CRB für die Schätzung einer Phase mit Rauschen einer sonst idealen Sinusschwingung
$\hat{\tilde{\varphi}}_1$	Geschätzte Phase des ersten sinusförmigen Störsignals
$\tilde{\varphi}$	Phase eines sinusförmigen Störsignals
φ_{korr}	Korrigierte Phase, wenn durch die Bewegung des Radarziels eine Phasenverschiebung entsteht
φ_{ZF}	Phase des Zwischenfrequenzsignals
$\mathrm{var}\{\hat{\varphi}_{\mathrm{ZF}}\}$	CRB für die Phasenschätzung
$\Delta\varphi_{\mathrm{ZF}}$	Phasenänderung zwischen dem Startpunkt der Messung und der aktuellen Zielposition
$\hat{\varphi}_{\mathrm{ZF}}$	Geschätzte Phase des Zwischenfrequenzsignals
$\mathrm{var}\{\hat{\varphi}_{\mathrm{ZF,m}}\}$	Modifizierte CRB für die Phasenschätzung
$\varphi_{\mathrm{ZF,s}}$	Normalisierte Phase des Zwischenfrequenzsignals
ξ	Basisfunktion (NLLS)
ζ	Gleichspannungsoffset

1 Einleitung

Radio Detection and Ranging (Radar)-Technik zur Entfernungsmessung wird in vielen Bereichen eingesetzt und ist im öffentlichen Leben allgegenwärtig. Ursprünglich zur Unterstützung der Ortung im Bereich der Schifffahrt entwickelt, fanden Radare zunächst weite Verbreitung im Bereich der Luftraumüberwachung [78]. Hierfür werden Radarsignale mit hohen Leistungen benötigt, die mit Vakuum-Röhren [33] (z.B. Wanderfeldröhren oder Klystrons) erzeugt werden können. Auf Grund physikalischer Begrenzungen ist eine Miniaturisierung dieser Mikrowellengeneratoren schwer erreichbar. Erst durch die Transistortechnologie wird es möglich, verkleinerte und energiesparende Systeme für Entfernungsmessungen im Nahbereich (<1 km Messentfernung) zu entwickeln. Daher werden auf Grund des verbesserten Verständnisses der Technologie und der kostengünstigeren Produktionsmöglichkeiten, Radare immer mehr im Automobilbereich verwendet, um die Sicherheit während der Fahrzeugsteuerung zu erhöhen und autonomes Fahren zu unterstützen [90]. Dabei werden Radare häufig im Verbund mit optischen Systemen und Ultraschallsensoren verwendet. Zur Fusion der verschiedenen Sensoren sind leistungsfähige Algorithmen notwendig, so dass die Signalverarbeitung eine wichtige Rolle bei der korrekten Detektion und Klassifizierung von Radar-Zielen spielt.

Die zunehmende Verbreitung der Radare im Automobilbereich führt zu einer weiteren Kostenreduzierung der Radare, so dass sich im Bereich der Sensoren, z.B. als automatische Türsensoren oder bei Füllstandsmessungen [56], insbesondere bei toxischen oder radioaktiven Stoffen, weitere Anwendungsfelder anbieten. Radare können dabei überall eingesetzt werden, wo berührungslose Messsysteme notwendig sind und können als Alternative zur Entfernungsmessung mit Lasern verwendet werden. Darüber hinaus sind sie robust gegenüber visuellen Störungen wie etwa Rauch oder Nebel. Ein weiterer großer Vorteil der Radar-Technik ist die Möglichkeit absolute Entfernungen und mehrere Ziele gleichzeitig, ohne vorherige Kalibrierung, zu messen.

1.1 Motivation und Umfeld der Arbeit

In dieser Arbeit wird untersucht, mit welcher Genauigkeit Entfernungen auf kurzen Distanzen von einigen Metern mit Radaren in Industriemaschinen bestimmt werden können. Die Motivation, Radare in diesem Bereich einzusetzen, resultiert daraus, dass die bestehende Sensortechnik entweder prinzipiell nicht in der Lage ist, Entfernungen mit einer Genauigkeit im Mikrometerbereich absolut zu messen oder die Entfernungsmessung mit sehr hohen Kosten verbunden ist. Anhand von zwei Anwendungen [92, 32] wird das Potential der Radar-Technik verdeutlicht: Bei der Positionsüberwachung von Kolbenstangen in Hydraulikzylindern und bei Entfernungsmessungen in Werkzeugmaschinen werden absolute Entfernungsgenauigkeiten im Mikrometerbereich benötigt.
Die Positionsüberwachung von Kolbenstangen ist in der Steuerung von Nutzfahrzeugen im Baugewerbe und im landwirtschaftlichen Einsatz erforderlich. Die Positionierung der Spritzeinheit von Spritzgussmaschinen [46] ist eine weitere Anwendung, bei der eine hohe Genauigkeit in Verbindung mit einer hohen Messwiederholfrequenz gefordert ist. Bereits entwickelte und auf dem Markt befindliche Messsysteme basieren auf verschiedenen Konzepten. Neben der verschleißanfälligen Messung über Potentiometer haben sich Sensoren auf der Basis von Ultraschall und Magnetostriktion bewährt und können die Anforderungen, Entfernungen im Milli- und Mikrometerbereich auf langen Strecken von mehreren Metern zu messen, erfüllen. Allerdings sind die mit diesen Messsystemen erzielbaren Messwiederholfrequenzen begrenzt und nicht beliebig anpassungsfähig. Als neuer Ansatz bietet sich der Einsatz von Radar-Technik an. Durch den kompakten Aufbau eines Radars ist es möglich, direkt innerhalb des Hydraulikzylinders zu messen, so dass ein störanfälliger, externer Aufbau am Zylinder entfällt. Zusätzlich wird das Radarsignal durch die Messung im Zylinder, der die Eigenschaften eines Rundhohlleiters aufweist, vor äußeren Störungen geschützt. Des Weiteren ist eine hohe Messwiederholrate erreichbar und es ist möglich, absolute Entfernungen zu bestimmen.
Im Schwerpunktprogramm SPP1476 [32] der Deutschen Forschungsgemeinschaft (DFG) wird die Entwicklung neuer Werkzeugmaschinen für die Bearbeitung von Mikrostrukturen untersucht. Das Ziel dieses Programms ist es, die Größe und den Energieverbrauch der Maschinen zu reduzieren [37]. Des Weiteren soll durch ein Modulkonzept [91] eine erhöhte Flexibilität der Maschinen erreicht werden, so dass die Produktion von kleinen Bauteilserien und indivi-

duellen Bauteilen kostengünstiger wird. Zur Steuerung der Verfahrwege und der Positionsbestimmung des Werkstücks sind Entfernungsmessungen mit Genauigkeiten im Mikrometerbereich notwendig. Idealerweise wird die Position des Werkstücks möglichst direkt am Werkstück selbst oder in direkter Nähe gemessen, um den Messfehler gering zu halten. Bisher existiert keine direkte Messmöglichkeit am Werkstück, so dass neue Konzepte mit dem Einsatz von Radar-Systemen getestet werden. Durch den Einsatz von Radaren mit hohen Frequenzen, großer Bandbreite und hohem Antennengewinn wird es möglich, direkt am Werkstück zu messen und Störungen von der Umgebung zu minimieren. Dabei weist das Radar immer noch kompakte Abmessungen auf, so dass ein flexibler Einsatz ermöglicht wird. Im Gegensatz zu optischen Verfahren, die bei der mechanischen Bearbeitung von Werkstücken durch umherfliegende Späne und Staub bei der Messung stark beeinflusst werden, ist ein Radar deutlich robuster. Eine Echtzeitauswertung der Daten kann in einem Field Programmable Gate Array (FPGA) erfolgen.
Die wissenschaftliche Herausforderung besteht darin, theoretische Grenzen der Radar-Technik bei Entfernungsmessungen im Nahbereich zu ermitteln. Außerdem ist eine Optimierung der Radar-Systeme, der Messumgebung und der Signalverarbeitung erforderlich.

1.2 Stand der Technik

Zur Entfernungsmessung im industriellen Bereich gibt es eine Vielzahl von Verfahren, wobei die höchste Genauigkeit mit optischen Verfahren erreicht wird. Zur berührungslosen Entfernungsmessung werden Laserinterferometer eingesetzt [23, 59]. Damit eine Messgenauigkeit im Submikrometerbereich erreicht werden kann, müssen zusätzlich Temperatursensoren und Luftdrucksensoren entlang der Messstrecke aufgestellt werden. Dadurch verursacht dieses Verfahren sehr hohe Kosten und ist relativ störempfindlich. Eine günstigere und robustere Alternative sind Linearencoder [88] oder Glasmaßstäbe, die jedoch keine kontaktlose oder absolute Messung erlauben. Weitere Verfahren wie die Magnetostriktion [60] oder Ultraschallsensoren [51] erreichen nicht die erforderlichen Genauigkeiten im einstelligen Mikrometerbereich oder besitzen zu niedrige Messwiederholraten.

Verfahren	Genauigkeit	Strecke	Jahr	Quelle
Sechs-Port Interferometer	120 µm	5 mm	1999	[80]
FMCW-Radar	800 µm	17 m	2003	[57]
CW-Radar	0,5 µm	2 mm	2003	[87]
Netzwerk-analysator	1000 µm	4 m	2006	[58]
Netzwerk-analysator	1000 µm	4 m	2007	[63]
Sechs-Port Interferometer	0,5 µm	12,5 µm	2012	[18]
FMCW-Radar	500 µm	3 m	2012	[45]
FMCW-Radar	5000 µm (350 mm)	5 m (12 m)	2013	[83]
Sechs-Port-Interferometer	200 µm	70 mm	2013	[53]
Sechs-Port Interferometer	40 µm	150 mm	2014	[52]
FMCW-Radar	<1 µm	10 mm	2014	[44]
FMCW-Radar (61 GHz)	26 µm	300 mm	2014	[71]
FMCW-Radar (24 GHz)	5 µm	50 mm	2015	[70]
FMCW-Radar (80 GHz)	<1 µm	2 mm	2015	[15]
FMCW-Radar (122 GHz)	2 µm (200 µm)	5 mm (1,9 m)	2015	[75]

Tabelle 1.1: Vergleich der erzielten Genauigkeiten bei Entfernungsmessungen mit unterschiedlichen Radarverfahren.

Für Entfernungsmessungen mit Radaren gibt es verschiedene Konzepte mit Vor- und Nachteilen. Mit Continuous Wave (CW)-Radaren können sehr hohe Genauigkeiten erzielt werden [87]. Da bei diesen Radaren jedoch direkt die Phase ausgewertet wird, verfügen sie über einen zu niedrigen Eindeutigkeitsbereich bei hohen Frequenzen, die für eine Miniaturisierung des Systems erforderlich sind. Pulsradare senden sehr hohe Leistungsspitzen aus, so dass gesetzliche Regulierungen schwieriger einzuhalten sind. Außerhalb von geschlossenen Systemen, wie z.B. bei Füllstandsmessungen [42], findet dieser Radar-Typ daher im industriellen Bereich der Entfernungsmessung kaum Anwendung. Das Sechs-Port-Verfahren ist ein interferometrisches Messverfahren mit dem hohe Genauigkeiten gemessen werden können [18]. Auf Grund des Messprinzips muss zusätzlich ein Zweitonverfahren angewendet werden, um eine ausreichende Eindeutigkeit über längere Strecken zu erlauben. Bei höheren Frequenzen als 24 GHz hat sich allerdings in Messungen gezeigt, dass es schwierig wird, ausreichend Leistung für die Empfänger zu erhalten [93], so dass eine Miniaturisierung des Systems nur eingeschränkt möglich ist. Frequency Modulated Continuous Wave (FMCW)-Radare weisen einen sehr hohen Eindeutigkeitsbereich auf und verteilen die gesendete Leistung gleichmäßig über Zeit und Frequenz, so dass gesetzliche Regulierungen gut eingehalten werden können. Allerdings benötigen reine FMCW-Radare für hohe Genauigkeiten sehr große Bandbreiten, die nur in abgeschlossenen Systemen erlaubt sind. Eine Alternative zur Erhöhung der Bandbreite ist durch eine verbesserte Signalverarbeitung mit zusätzlicher Phasenauswertung möglich, auf der diese Arbeit basiert.
In Tabelle 1.1 ist eine Auflistung der publizierten Genauigkeiten verschiedener Radar-Verfahren zu sehen. Die angegebenen Genauigkeiten beziehen sich dabei auf den maximalen Fehler über der Messstrecke. Zum besseren Vergleich sind die Genauigkeiten der in dieser Arbeit eingesetzten FMCW-Radare mit Phasenauswertung mit aufgelistet.

1.3 Lösungsansatz und Gliederung der Arbeit

Das FMCW-Radarkonzept ermöglicht eine Kombination eines großen Eindeutigkeitsbereichs mit einer hohen Genauigkeit und wird daher in dieser Arbeit für Entfernungsmessungen im industriellen Bereich gewählt. Ein Vergleich mit weiteren möglichen Messkonzepten wird in Abschnitt 1.2 durchgeführt. Ziel dieser Arbeit ist es, für gegebene FMCW-Radare Vorhersagen bezüglich der zu erwartenden Genauigkeit in Abhängigkeit der Radarparameter zu treffen. Dazu ist es notwendig, alle für die Genauigkeit relevanten Parameter eines FMCW-Radars zu identifizieren. Anschließend werden die Ergebnisse mit verschiedenen FMCW-Radaren bei unterschiedlichen Frequenzen und Bandbreiten verifiziert. Neben der Identifizierung der die Genauigkeit begrenzenden Parametern, ist es wichtig, durch eine an die Problemstellung angepasste Signalverarbeitung, die erreichbare Genauigkeit der Entfernungsmessung zu optimieren. Daher gibt es auf Grund der Vielzahl verschiedener Einsatz- und Realisierungsmöglichkeiten nicht einen optimalen Algorithmus für alle Einsatzfälle und es wird eine Vielzahl verschiedener Lösungsmöglichkeiten vorgestellt. Die entwickelten Algorithmen werden in FPGAs implementiert und es wird gezeigt, dass auch bei Entfernungsmessungen in schwierigen Umgebungen wie Hydraulikzylindern und Werkzeugmaschinen hohe Genauigkeiten im Mikrometerbereich erreicht werden können.

Die Arbeit ist wie folgt aufgebaut:

- In Kapitel 2 wird der kombinierte Frequenz- und Phasenalgorithmus vorgestellt. Es wird die notwendige Bedingung für die zusätzliche Phasenauswertung abgeleitet und eine Korrekturmethode für Fehlzuordnungen von Entfernungszellen gezeigt. Die vier eingesetzten FMCWRadare werden beschrieben und die Unterschiede in Bezug auf die Anwendungen erläutert.
- Die Identifizierung der Parameter, die die Genauigkeit eines FMCW-Radars beschränken und die theoretischen Grenzen der Entfernungsgenauigkeit von FMCW-Radaren werden in Kapitel 3 behandelt. Für die Ermittlung der maximalen theoretischen Genauigkeit wird eine Grenze aus der Statistik eingeführt und für FMCW-Radare abgeleitet. Es erfolgt eine Verifizierung der ermittelten Grenze in Messungen und es wird anhand der Grenze demonstriert wie die Bandbreite und die Frequenz sich auf die Genauigkeit auswirken. Der Einfluss von Phasenrauschen und Störungen der Rampe auf die Genauigkeit wird analysiert und es wird gezeigt, wie beide Störgrößen von der vorher eingeführten statistischen Gren-

ze abgedeckt werden können. In industriellen Maschinen können hohe Geschwindigkeiten auftreten, die über den Doppler-Effekt Entfernungsmessungen in der Genauigkeit beeinflussen. Eine Analyse des Doppler-Effekts erfolgt und ein Algorithmus zur Kompensation wird abgeleitet. In Messungen wird eine vollständige Kompensation des Doppler-Effekts nachgewiesen. Eine weitere Begrenzung der Genauigkeit entsteht durch die Eigenschaften des Radarziels und der Messumgebung, die ebenfalls untersucht werden.

- In Kapitel 4 wird analysiert, wie eine Verbesserung der Genauigkeit der Entfernungsmessung durch die Signalverarbeitung erzielt werden kann, so dass die in Kapitel 3 definierten, theoretischen Grenzen der Genauigkeit auch bei Störungen erreicht werden können. Bevor das Messsignal ausgewertet wird, ist eine Signalvorverarbeitung notwendig, um die Algorithmen zur Entfernungsauswertung optimal einsetzen zu können. Es wird untersucht, wie Fenster-Funktionen, digitale Filter, die Abtastrate und die Kombination von verschiedenen Messsignalen die Genauigkeit der Auswertung beeinflussen. Für den Fall, dass die Messung nur durch weißes Rauschen gestört wird, wird ein Algorithmus zur Berechnung von Frequenz und Phase abgeleitet, der die theoretische, maximale Genauigkeit erreicht und Messungen in Echtzeit erlaubt. Wenn systematische Störungen auftreten, müssen modellbasierte Algorithmen angewendet werden. Diese Algorithmen arbeiten im Zeitbereich und es kann erfolgreich gezeigt werden, wie sich mit ihnen die Genauigkeit weiter steigern lässt. Im Rahmen dieser Untersuchung wird auch die Möglichkeit getestet, Messungen mit Parameterschätzern auszuwerten. Zur besseren Übersicht werden am Ende des Kapitels alle Algorithmen der Entfernungsauswertung zusammengefasst und bewertet.
- Die Implementierung der Radarsysteme in einen Hydraulikzylinder und in verschiedene Werkzeugmaschinen wird in Kapitel 5 gezeigt. Es wird nachgewiesen, dass es möglich ist, mit Radartechnik Entfernungen mit Genauigkeiten im Mikrometerbereich in Umgebungen zu messen, für die es bisher keine Messmöglichkeit gibt.
- In Kapitel 6 wird die Arbeit zusammengefasst und aus den Ergebnissen Schlussfolgerungen gezogen.

2 Radarbasierte Entfernungsmessung mit hoher Genauigkeit

In diesem Kapitel werden das FMCW-Radarprinzip mit zusätzlicher Phasenauswertung sowie das typische Prinzip eines monostatischen FMCW-Radars vorgestellt. Neben der Auswertung der Zwischenfrequenz (ZF) zur Entfernungsmessung wird gezeigt, wie zusätzlich die Phase zur Steigerung der Genauigkeit benutzt werden kann. Des Weiteren werden die Anforderungen an die Frequenzauswertung abgeleitet, damit eine zusätzliche Phasenauswertung möglich ist. Der grundsätzliche Aufbau eines monostatischen FMCW-Radars für den Nahbereich und die vier in dieser Arbeit eingesetzten Radare werden beschrieben. Die Einflüsse der Signalprozessierung auf die erzielbare Entfernungsgenauigkeit und die theoretischen Genauigkeitsgrenzen werden in Kapitel 3 und Kapitel 4 gesondert untersucht.

2.1 Prinzip des FMCW-Radars

Unter den verschiedenen Radarprinzipien eignet sich das FMCW-Radarprinzip mit zusätzlicher Phasenauswertung für Entfernungsmessungen von einigen Metern mit am besten, da ein großer Eindeutigkeitsbereich mit einer sehr hohen Entfernungsgenauigkeit kombiniert wird [9]. Dieses Radarprinzip hat den zusätzlichen Vorteil, dass ein In-Phase-&-Quadratur (IQ)-Empfänger nicht zwingend für die Phasenauswertung notwendig ist, so dass die Gesamtkosten des Radarsystems gering gehalten werden können. Des Weiteren sind, z.B. im Vergleich zu interferometrischen Messverfahren, mit diesem Messverfahren absolute Entfernungsmessungen und die Messung mehrerer Ziele gleichzeitig möglich. Grundsätzlich wird bei einem FMCW-Radar eine Sendefrequenz f_{tx} abgestrahlt, die sich linear mit der Zeit t ändert [79]:

$$f_{\mathrm{tx,up}}(t) = f_{\mathrm{min}} + \kappa t \tag{2.1}$$

$$f_{\mathrm{tx,down}}(t) = f_{\mathrm{max}} - \kappa t \quad . \tag{2.2}$$

In (2.1) wird die Steigung der linearen Frequenzrampe mit κ bezeichnet und ist definiert als $\kappa = B/T$ mit der Rampendauer T und der Bandbreite B=f_{max}-f_{min}, die aus der maximalen Sendefrequenz f_{max} und der minimalen Sendefrequenz f_{min} besteht. Die Indizes up und down geben die jeweilige Richtung der Rampe an. Ein Signal, das an einem Radarziel in der Entfernung r reflektiert wird und sich mit der Lichtgeschwindigkeit c_0 ausbreitet, erreicht das Radar wieder nach einer Gesamtlaufzeit τ:

$$\tau = 2r/c_0 \quad . \tag{2.3}$$

In Hohlleitern und bei Messungen in Medien muss die Lichtgeschwindigkeit durch die entsprechende Gruppengeschwindigkeit v_{gr} ersetzt werden. Das reflektierte Signal ist folglich eine zeitverzögerte Version des gesendeten Signals aus (2.1). Wenn beide Signale in einem idealen Mischer miteinander multipliziert und mit einem Tiefpass gefiltert werden, ergibt sich ein Zwischenfrequenzsignal mit der ZF f_{ZF}:

$$f_{\mathrm{ZF}} = \frac{B}{T}\tau = \frac{2rB}{Tc_0} \quad . \tag{2.4}$$

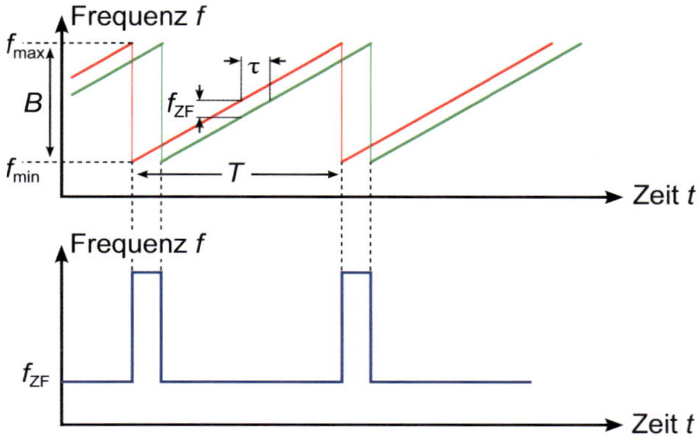

Abbildung 2.1: FMCW-Radar mit Sägezahn-Modulation ohne Doppler-Effekt.

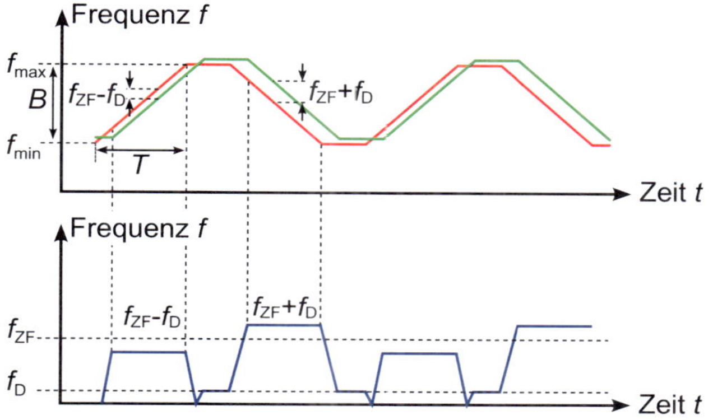

Abbildung 2.2: FMCW-Radar mit trapezförmiger Modulation mit Doppler-Effekt.

Die bisher vorgestellte Modulation des FMCW-Radars wird als Sägezahn-Modulation bezeichnet. Ein Beispiel für eine Aufwärtsrampe (engl. up ramp) ist in Abbildung 2.1 zu sehen.
Neben einer Aufwärtsrampe kann auch eine Abwärtsrampe (engl. down ramp) als Modulationsform gewählt werden. Es ergibt sich dabei keine Änderung an der ZF bei der Messung ruhender Ziele. Jedoch wird die Phase des ZF-Signals geändert, die ebenfalls zur Entfernungsauswertung verwendet werden kann (Abschnitt 2.1.1). Um auch Geschwindigkeiten messen zu können, gibt es noch weitere Modulationsformen des FMCW-Radars. Hierfür werden beispielsweise eine Aufwärts- und eine Abwärtsrampe kombiniert, so dass eine dreiecksförmige oder trapezförmige Modulation entsteht (Abbildung 2.2). Durch die Kombination der durch den Doppler-Effekt unterschiedlich verschobenen Zwischenfrequenzen der Aufwärts- und der Abwärtsrampe kann die Doppler-Frequenz f_D und damit die Geschwindigkeit des Radarziels berechnet werden. Die genaue Entfernungs- und Geschwindigkeitsberechnung bei sich bewegenden Radarzielen, sowie die Auswirkungen des Doppler-Effekts auf die Entfernungsgenauigkeit, werden in Abschnitt 3.3 beschrieben.

2.1.1 FMCW-Radar mit erweiterter Phasenauswertung

Die Entfernungsgenauigkeit eines FMCW-Radars wird, wenn das Radar ausschließlich durch weißes Rauschen gestört und die Entfernung über die ZF

nach (2.4) berechnet wird, durch die verfügbare Messbandbreite und das verfügbare Signal-Rausch-Verhältnis (SNR) beschränkt (Abschnitt 3.1, [74]). Bei einem Dauerstrich bzw. CW-Radar ist im Vergleich zum FMCW-Radar die Entfernungsgenauigkeit von der verwendeten Frequenz und nicht von der Bandbreite abhängig. Die Entfernungsberechnung eines CW-Radars und die Berechnung der Entfernung eines Radarziels über die Phase des ZF-Signals eines FMCW-Radars erfolgen nach der gleichen Formel. Die Sendefrequenz eines FMCW-Radars ist häufig deutlich größer als die Bandbreite der Frequenzrampe, da die verwendbare Bandbreite fast aller Frequenzbereiche durch Gesetze begrenzt wird. Eine allgemeine Zulassung der Frequenzverwaltung existiert für das Industrial, Scientific and Medical (ISM)-Band [43]. Für das ISM-Band um 122,5 GHz ist beispielsweise die Nutzung einer maximalen Bandbreite von 1 GHz erlaubt. Daher kann, insbesondere bei FMCW-Radaren mit geringer Bandbreite, eine deutliche Genauigkeitssteigerung durch eine zusätzliche Auswertung der Phase des ZF-Signals erreicht werden, während gleichzeitig der große Eindeutigkeitsbereich des FMCW-Radars erhalten bleibt.
Für die Berechnung der Phase des ZF-Signals werden die Integrale von (2.1) und (2.2) über der Zeit berechnet:

$$\begin{aligned}\Phi_{\mathrm{tx,up}}(t) &= 2\pi \int_0^t (\frac{B}{T}t' + f_{\mathrm{min}})dt' \\ &= 2\pi t \left(\frac{B}{2T}t + f_{\mathrm{min}}\right) \quad ,\end{aligned} \tag{2.5}$$

$$\Phi_{\mathrm{tx,down}}(t) = 2\pi t \left(-\frac{B}{2T}t + f_{\mathrm{max}}\right) \quad . \tag{2.6}$$

Mit Φ_{tx} wird das Sendesignal der Rampe bezeichnet. Nach dem gleichen Prinzip wird das Empfangssignal Φ_{rx} mit entsprechend angepassten Integrationsgrenzen berechnet, wobei f_{rx} die Empfangsfrequenz bezeichnet:

$$\begin{aligned}f_{\mathrm{rx,up}}(t) &= f_{\mathrm{tx,up}}(t-\tau) \quad , \\ \Phi_{\mathrm{rx,up}}(t) &= 2\pi \int_\tau^t f_{\mathrm{rx,up}}(t')dt' \quad ,\end{aligned}$$

$$= 2\pi \int_{\tau}^{t} \left(\frac{B}{T} t' + f_{\text{min}} \right) dt' \quad ,$$

$$= 2\pi (t - \tau) \left(\frac{B}{2T} (t - \tau) + f_{\text{min}} \right) \quad , \tag{2.7}$$

$$\Phi_{\text{rx,down}}(t) = 2\pi (t - \tau) \left(-\frac{B}{2T} (t - \tau) + f_{\text{max}} \right) \quad . \tag{2.8}$$

In einem (idealen) Mischer werden das Sende- und das Empfangssignal miteinander multipliziert und die ZF-Signale Φ_{ZF} ermittelt:

$$\Phi_{\text{ZF,up}}(t) = 2\pi \left(\frac{B}{T} \tau t - \frac{B}{2T} \tau^2 + f_{\text{min}} \tau \right) \quad , \tag{2.9}$$

$$\Phi_{\text{ZF,down}}(t) = 2\pi \left(-\frac{B}{T} \tau t - \frac{B}{2T} \tau^2 + f_{\text{max}} \tau \right) \quad . \tag{2.10}$$

(2.9) beinhaltet damit die ZF gemäß (2.4). Für die vorgesehene Anwendung in industriellen Maschinen mit Messdistanzen von maximal einigen Metern befindet sich die Laufzeit τ des Radarsignals im Nanosekundenbereich (10^{-9} s) und die Rampendauer T ist im Millisekundenbereich (10^{-3} s). Daher kann in (2.9) und in (2.10) der Term $\frac{B}{2T}\tau^2$ vernachlässigt werden, da τ^2 sehr viel kleiner als die Rampendauer T ist. Unter der Voraussetzung, dass eine Schwingung $x(t)$ des ZF-Signals mit der Amplitude A allgemein als

$$x(t) = A \cdot \cos(\underbrace{2\pi f_{\text{ZF}} t + \varphi_{\text{ZF}}}_{\Phi_{\text{ZF}}}) \tag{2.11}$$

definiert ist und eine positive ZF in (2.10) durch die Symmetrie des Kosinus erreicht wird, lauten die Phasen φ_{ZF} des ZF-Signals für die Aufwärts- und die Abwärtsrampe:

$$\varphi_{\text{ZF,up}} = 2\pi f_{\text{min}} \tau = \frac{4\pi r_{\varphi}}{c_0} f_{\text{min}} \quad , \tag{2.12}$$

$$\varphi_{\text{ZF,down}} = -2\pi f_{\text{max}} \tau = -\frac{4\pi r_{\varphi}}{c_0} f_{\text{max}} \quad . \tag{2.13}$$

Die Entfernung kann folglich über zwei verschiedene Methoden bestimmt werden: Entweder über die ZF $f_{\text{ZF}} = \frac{B}{T}\tau$ nach (2.4) oder über die Phase φ_{ZF}

des ZF-Signals mit der Fallunterscheidung der Auf- und Abwärtsrampe nach (2.12) und (2.13). Da der Eindeutigkeitsbereich der über die Phase berechneten Entfernung r_φ auf den Bereich einer halben Wellenlänge beschränkt ist, ist eine Kombination mit der über die Frequenz berechneten Entfernung aus (2.4) zur Berechnung der genauen Entfernung mit Hilfe der Phase notwendig. Zu diesem Zweck wird am Anfang der Messstrecke ein Startpunkt festgelegt und die gesamte Messstrecke vom Startpunkt bis zur über die Frequenz berechneten Zielposition r_f in eine (ganzzahlige) Anzahl von p Entfernungszellen mit der Länge der halben Wellenlänge, entsprechend $p \cdot \frac{c_0}{2f_\mathrm{min}}$ im Fall einer Aufwärtsrampe und $p \cdot \frac{c_0}{2f_\mathrm{max}}$ im Fall einer Abwärtsrampe, eingeteilt. Als Startpunkt kann ein statisches Radarziel auf der Messstrecke verwendet werden, z.B. eine Verengung in einem Hohlleiter [12] oder die erste Messposition einer Messung. Die eigentliche Zielentfernung r_abs unter Berücksichtigung der Phase wird mit (2.12) und (2.13) wie folgt berechnet:

$$r_\mathrm{abs,up} = p \cdot \frac{c_0}{2f_\mathrm{min}} + r_{\Delta\varphi} = p \cdot \frac{c_0}{2f_\mathrm{min}} + \frac{\Delta\varphi_\mathrm{ZF,up}}{\pi} \cdot \frac{c_0}{4f_\mathrm{min}}, \tag{2.14}$$

$$r_\mathrm{abs,down} = p \cdot \frac{c_0}{2f_\mathrm{max}} - \frac{\Delta\varphi_\mathrm{ZF,down}}{\pi} \cdot \frac{c_0}{4f_\mathrm{max}} \quad . \tag{2.15}$$

Im Gegensatz zu (2.12) wird mit $\Delta\varphi_\mathrm{ZF}$ die Phasenänderung und mit $r_{\Delta\varphi}$ die Änderung der nur über die Phase berechneten Entfernung zwischen dem Startpunkt der Messung und der aktuellen Zielposition bezeichnet. Die Anwendung des vorgestellten Verfahrens zur Entfernungsmessung mit hoher Genauigkeit ist nur bei einer Genauigkeit der Frequenzauswertung (2.4) von mindestens $c_0/(4f_\mathrm{min})$ bei Aufwärts- bzw. $c_0/(4f_\mathrm{max})$ bei Abwärtsrampen möglich (Abschnitt 2.1.2), da sonst die Entfernungszellen falsch zugeordnet werden.

2.1.2 Notwendige Genauigkeit für die Phasenauswertung

In diesem Abschnitt wird am Beispiel einer Aufwärtsrampe beschrieben, wie Fehlzuordnungen der Entfernungszelle korrigiert werden können und welche Genauigkeit die Frequenzauswertung dafür aufweisen muss. Aus dem Eindeutigkeitsbereich der Phasenposition der halben Wellenlänge ist zu erwarten, dass eine Genauigkeit der Frequenzauswertung der gleichen Größe die Grenze für

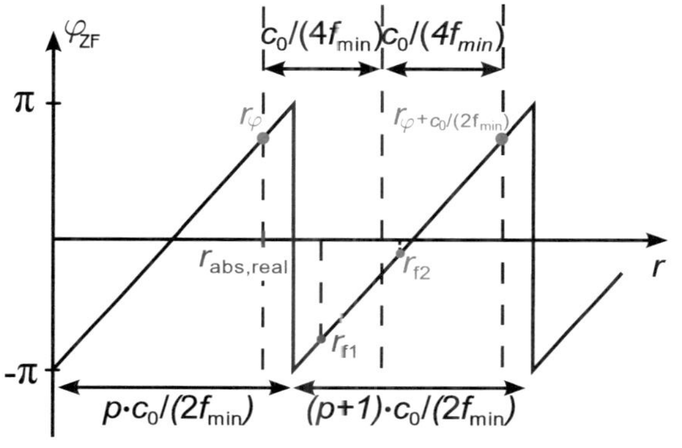

Abbildung 2.3: Notwendige Genauigkeit für die Phasenauswertung [72] © 2015 IEEE.

die notwendige Genauigkeit der zusätzlichen Phasenauswertung darstellt. Jedoch kann gezeigt werden, dass eine höhere Genauigkeit der Frequenzauswertung von $c_0/(4f_{\mathrm{min}})$ für die zusätzliche Phasenauswertung notwendig ist [72]. Dafür wird beispielhaft in Abbildung 2.3 der ideale Phasenverlauf in Abhängigkeit der Entfernung dargestellt. $r_{\mathrm{abs,real}}$ bezeichnet eine willkürlich gewählte Entfernung an der sich ein Ziel befindet, welches im Idealfall vom Radar in der (Phasen-)Entfernung $r_\varphi = r_{\mathrm{abs,real}}$ gemessen wird. r_{f1} und r_{f2} sind Beispiele für die Ergebnisse zweier Frequenzauswertungen von verschiedenen Messungen des Ziels in der Entfernung $r_{\mathrm{abs,real}}$ mit unterschiedlichen Entfernungsfehlern. Durch den Entfernungsfehler wird jeweils die korrekte Entfernungszelle p verpasst und der Algorithmus der kombinierten Auswertung berechnet die Entfernung nach (2.14) zu

$$r_{\mathrm{abs}} = r_\varphi + (p+1)\,\frac{c_0}{2f_{\mathrm{min}}} \quad . \tag{2.16}$$

Unter Berücksichtigung der Frequenzauswertung kann dieser Fehler erkannt und korrigiert werden, wenn zwischen der Entfernung der kombinierten Auswertung r_{abs} und der ausschließlich über die Frequenz berechneten Entfernung r_{f} ein Unterschied von mehr als $c_0/(4f_{\mathrm{min}})$ besteht. Die Grenze dieses Korrekturverfahrens ist, z.B. im Fall von $p = 0$, zwischen den beiden Entfernungen r_φ und $r_\varphi + \frac{c_0}{2f_{\mathrm{min}}}$. Im angeführten Beispiel überschreitet r_{f2} diese Grenze und die korrekte Entfernungszelle kann nicht detektiert werden. Damit muss die Frequenzauswertung eine Entfernungsgenauigkeit von $c_0/(4f_{\mathrm{min}})$ aufweisen. Im Fall einer Abwärtsrampe kann ähnlich wie bei der Aufwärtsrampe gezeigt werden, dass entsprechend eine Entfernungsgenauigkeit von mindestens $c_0/(4f_{\mathrm{max}})$ für die zusätzliche Phasenauswertung notwendig ist.

2.2 Funktionsweise und Eigenschaften der verwendeten FMCW-Radarsysteme

In dieser Arbeit werden für die messtechnischen Analysen und Verifikationen verschiedene FMCW-Radare mit unterschiedlichen Eigenschaften (Frequenzbereich, Bandbreite, Anpassung, Empfänger usw.) eingesetzt. Diese Hardwareeigenschaften beeinflussen die maximal erzielbare Entfernungsgenauigkeit (Kapitel 3).

In Abbildung 2.4 ist der allgemeine, prinzipielle Aufbau der Radarsysteme dargestellt. Das Radarsignal wird in einem Voltage-Controlled Oscillator (VCO) erzeugt, welcher über eine Phase-Locked Loop (PLL) mit einer Referenzquelle stabilisiert wird. Die Generierung der Rampe erfolgt entweder mit einem variablen Teiler (Fractional-PLL) oder wird von außen durch eine Direct Digital Synthesis (DDS) an Stelle der Referenzquelle in Kombination mit einer Integer-PLL vorgegeben. Um ein monostatisches Radar zu erhalten, wird über einen Branchline-, Hybrid- oder Rat-Race-Koppler, das Radarsignal beim Senden aufgeteilt und beim Empfang kombiniert. Eine hohe Isolation zwischen dem direkten Sendepfad und dem Empfangspfad ist notwendig, um Störsignale im ZF-Signal zu vermeiden.

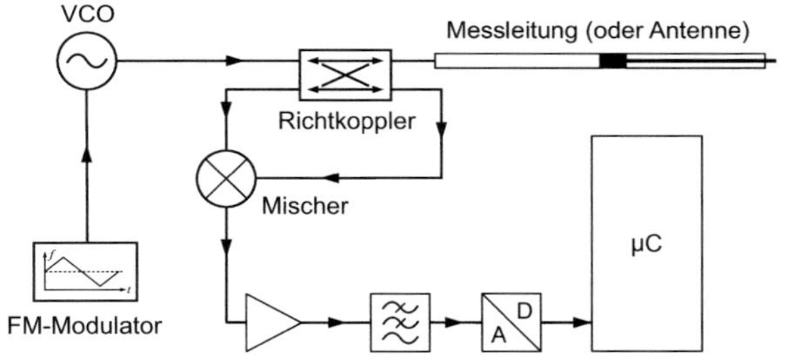

Abbildung 2.4: Grundsätzlicher Aufbau der eingesetzten Radarsysteme.

Abbildung 2.5: Foto des 24 GHz FMCW-Radars [8].

Bandbreite	1,0 GHz (23,8 GHz - 24,8 GHz)
Rampendauer	50 µs - 1 ms
Ausgangsleistung	6 dBm
Abtastrate	1 MSa/s
Gruppengeschw.	$2,4727 \cdot 10^8$ m/s

Tabelle 2.1: 24 GHz FMCW-Radar Spezifikationen.

2.2.1 24 GHz FMCW-Radar für Hohlleitermessungen

Bei diesem Radar handelt es sich um ein PLL geregeltes FMCW-Radar, das gezielt für Messungen in K-Band (18,0 GHz - 26,5 GHz) Hohlleitern optimiert ist (Abbildung 2.5). Das Radar verfügt über eine Bandbreite von 1 GHz und erlaubt kurze Rampendauern zwischen 50 µs und 1 ms. Die kurzen Rampendauern ermöglichen eine hohe Messwiederholrate und erlauben einen Einsatz in industriellen Systemen, z.B. als Positionsregler innerhalb hydraulischer Zylinder [14], [12]. Das Radar wurde von der Firma InnoSenT im Rahmen eines Zentralen Innovationsprogramms Mittelstand (ZIM) entwickelt und hat eine Größe von 35 mm $\times$ 35 mm. Eine Übersicht der wichtigsten Eigenschaften des Radars ist in Tabelle 2.1 dargestellt. Da das Radar ausschließlich für Hohlleitermessungen verwendet wird, werden Hohlleiterziele eingesetzt, die für eine maximale Reflexion und minimale Transmission zum offenen Hohlleiterende optimiert wurden, so dass der Einfluss von Mehrfachreflexionen minimiert wird [8], [13]. Um den Einfluss von Mehrfachreflexionen zu reduzieren, wird in den meisten Messungen eine Vorlaufstrecke von mindestens einem halben Meter verwendet (z.B. über einen am Ende u-förmig gekrümmten Hohlleiter oder ein Kabel zwischen Radar und Einkopplung). Vor dem Analog-Digital (A/D)-Wandler wird ein aktiver, zweistufiger Bandpassfilter mit einer Bandbreite von 5 kHz bis 100 kHz und einer Verstärkung von 20 dB eingesetzt. Zur Erzeugung einer linearen Rampe wird die nichtlineare Kennlinie des VCOs über eine Integer-PLL geregelt. Als Referenzquelle wird eine DDS (Euvis Inc. DS-872) eingesetzt, die durch ihren hohen Takt von 1,6 GHz ein quasi störungsfreies Referenzsignal bei 16 MHz generiert [8], [16]. Dieses Radar wird insbesondere zur Verifikation der Cramér–Rao Bound (CRB) (Abschnitt 3.1.3) und des Non-Linear Least Squares Schätzer (NLLS) mit erweitertem Signalmodell verwendet (Abschnitt 4.3.4).

2.2.2 61 GHz FMCW-Radar für ISM-Band-Messungen

Basierend auf dem 24 GHz FMCW-Radar (Abschnitt 2.2.1) wurde ein 61 GHz FMCW-Radar mit der gleichen PLL, die beim 24 GHz FMCW-Radar eingesetzt wird, von der Firma InnoSenT entwickelt (Abbildung 2.6). Zum Zeitpunkt der Entwicklung des Radars war kein reiner Radarchip im Frequenzbereich um 60 GHz kommerziell erhältlich und es wurde daher als VCO ein Kommunikationschip der Firma Infineon (BGT60) verwendet, der für Radaranwendungen modifiziert wurde. Daher verfügt dieses Radar über einen IQ-Empfänger, aber weist eine geringere Isolation zwischen Sende- und Empfangspfad auf. Da bei diesem Radar ein Tiefpassfilter statt eines Bandpassfilters eingesetzt wird, muss das Übersprechen der Rampenfrequenz auf die ZF bei Messungen im Nahbereich berücksichtigt werden. Im Gegensatz zum Anwendungsgebiet des 24 GHz FMCW-Radars für Hohlleitermessungen, ist das 61 GHz FMCW-Radar für Freiraummessungen mit hoher Entfernungsgenauigkeit im ISM-Band mit einer Bandbreite von 500 MHz entwickelt worden. Der VCO verfügt jedoch über eine höhere Bandbreite von 59 GHz bis 63 GHz. Die Frequenz des VCOs wird über eine grobe Spannung V_{course} voreingestellt und die Frequenzrampe des VCOs wird mit der Spannung V_{fine} durch die PLL kontrolliert. Als Referenzquelle wird wie beim 24 GHz FMCW-Radar eine DDS eingesetzt. Das gesendete und empfangene Signal wird jeweils durch einen rauscharmen Verstärker (Low Noise Amplifier (LNA)) verstärkt. Durch die höhere Frequenz von 61 GHz können Primärstrahler in Kombination mit Linsenantennen eingesetzt werden, um eine hohe Richtwirkung zu erzielen und den Einfluss von Störzielen zu minimieren. Bei diesem Radar wird eine parasitäre Patchantenne mit einem

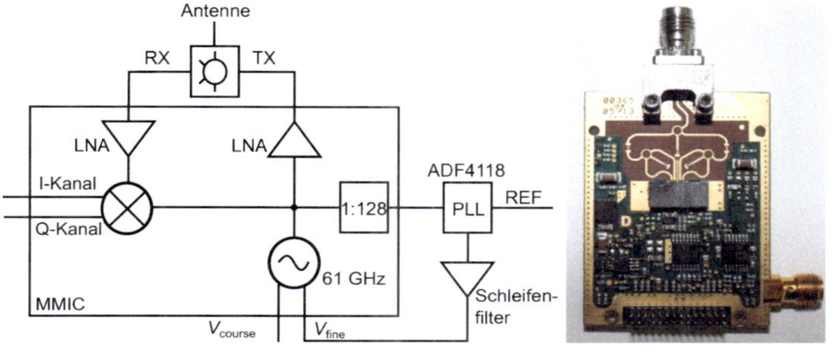

(a) 61 GHz FMCW-Radar Blockdiagramm. (b) Foto des 61 GHz FMCW-Radars.

Abbildung 2.6: Blockschaltbild [71] © 2014 IEEE und Foto des 61 GHz FMCW-Radars.

Bandbreite	4,0 GHz (59,0 GHz - 63,0 GHz)
Rampendauer	100 µs - 1 ms
Ausgangsleistung	3 dBm
Abtastrate	5 MSa/s
Gewinn mit Linsenantenne	28,7 dBi

Tabelle 2.2: 61 GHz FMCW-Radar Spezifikationen.

Gewinn von etwa 7 dBi als Primärstrahler verwendet. In Kombination mit einer Linsenantenne aus High Density Polyethylene (HDPE) ergibt sich ein Gesamtgewinn von 28,7 dBi bei einem Öffnungswinkel von 6,8° [71]. Das Radar hat eine Größe von 45 mm × 35 mm. Eine Übersicht der Radareigenschaften ist in Tabelle 2.2 zusammengefasst. Dieses Radar wird insbesondere für die Doppler-Untersuchungen verwendet (Abschnitt 3.3).

2.2.3 80 GHz FMCW-Radar für Breitbandmessungen

Von den 80 GHz Breitbandradaren wurden unterschiedliche Versionen von dem Fraunhofer-Institut für Hochfrequenzphysik und Radartechnik (FHR) und der Ruhr-Universität Bochum gebaut und in dieser Arbeit für verschiedene Messungen im Rahmen des DFG Projekts Schwerpunktprogramm (SPP) 1476-2 verwendet. Die neueren Versionen des Radars unterscheiden sich von den Vorgängerversionen in ihrer Größe und dem Platinenlayout, wobei die hier beschriebenen Radareigenschaften gleich geblieben sind. Dieses Radar besitzt eine Bandbreite von 25,6 GHz bei einer Mittenfrequenz von 80 GHz [64]. Daher ist es möglich, bereits ohne eine Phasenauswertung sehr hohe Genauigkeiten zu erzielen [45]. Bei einer zusätzlichen Phasenauswertung können Genauigkeiten im einstelligen Mikrometerbereich erreicht werden [65]. Eine Übersicht der Radareigenschaften ist in Tabelle 2.3 aufgeführt und ein Foto des Radars ist in Abbildung 2.7 zu sehen. Das Radar einschließlich des Gehäuses hat eine Größe von 35 mm x 50 mm x 40 mm ohne Antenne. Um das Millimeterwellensignal zu erzeugen, wird ein auf einem breitbandigen Varaktor basierender VCO auf einem Monolithic Microwave Integrated Circuit (MMIC) verwendet. Die

Abbildung 2.7: Foto des 80 GHz FMCW-Radars.

Bandbreite	25,6 GHz (68,0 GHz - 93,6 GHz)
Rampendauer	4 ms - 16 ms
Ausgangsleistung	-4 dBm
Abtastrate	1 MSa/s
Gewinn mit Linsenantenne	25 dBi

Tabelle 2.3: 80 GHz FMCW-Radar Spezifikationen.

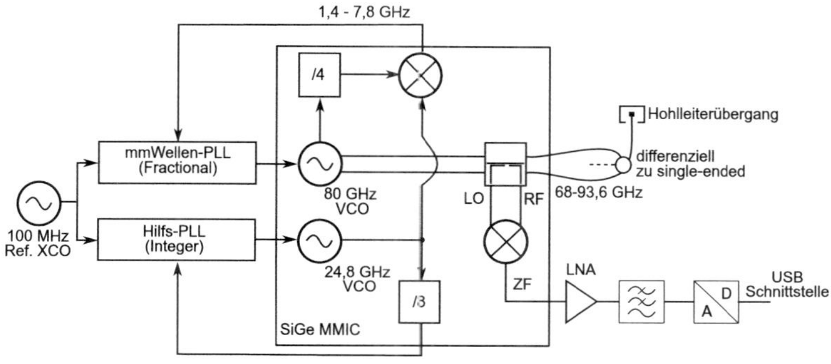

Abbildung 2.8: Vereinfachtes Blockdiagramm des 80 GHz FMCW-Radarsystems.

Schaltung wird in Infineon's Silizium-Germanium (SiGe) Technologie b7hf200 hergestellt [67].

Abbildung 2.8 zeigt ein vereinfachtes Blockschaltbild des Radarsensors, welcher eine Offset-PLL verwendet, um Variationen im Schleifengewinn auszugleichen und ein niedriges Phasenrauschen über die gesamte Bandbreite zu erzielen [66]. Der breitbandige 80 GHz VCO wird über eine kommerziell verfügbare Fractional-PLL (1,4 GHz bis 7,8 GHz) geregelt. Dazu wird das 80 GHz VCO-Signal durch 4 geteilt und mit einem ebenfalls PLL stabilisierten, statischen 24,8 GHz VCO heruntergemischt. Um verschiedene Antennen an das Radar anschließen zu können, wird das 80 GHz VCO-Signal, an einen Hohlleiterübergang gesendet. Dazu wird der VCO über Bonddrähte mit einem Rat-Race-Koppler verbunden und das Signal wird von differentiell zu single-ended umgewandelt. Das Signal wird anschließend kapazitiv über ein Rogers Duroid 5880 Substrat in den Hohlleiter gekoppelt.

Um das ZF-Signal zu erzeugen, werden das Sende- und Empfangssignal in einem aktiven Gilbertzellen-Mischer miteinander kombiniert. Das erhaltene ZF-Signal wird mit einem 400 kHz Tiefpass gefiltert, bevor es über einen A/D-Wandler (1 MSa/s, 16 Bit) digitalisiert wird. Dieses Radar wird für die Optimierung des Radarziels bei Freiraummessungen, diverse Nachweise der CRB und die Abschätzung des mindestens notwendigen Bauraums für eine störungsfreie Entfernungsmessung eingesetzt (Abschnitt 3.4).

(a) Printed Circuit Board (PCB).

(b) QFN Radarfrontend.

Abbildung 2.9: 122 GHz FMCW-Radar PCB mit QFN Radarfrontend [75] © 2015 IEEE.

2.2.4 122 GHz FMCW-Radar für ISM-Band-Messungen

Dieses FMCW-Radar hat die höchste Frequenz aller verwendeten FMCW-Radare. Es wurde ursprünglich im Rahmen des EU-Projekts SUCCESS entwickelt [20]. In dieser Arbeit wird eine neuere Version des Radars, die vom Institut für Hochfrequenztechnik und Elektronik (IHE) in Kooperation mit der Firma Silicon Radar GmbH entwickelt wurde, eingesetzt. Da das Radar zunächst für Entfernungsmessungen ohne zusätzliche Linsenantenne konzipiert war, sind Sende- und Empfangsantenne (jeweils Patchantennenarrays) in diesem Radar voneinander getrennt. In großen Entfernungen erweist sich der Einsatz einer Linsenantenne auf Grund der Reduktion von Störzielen und des hohen Antennengewinns als vorteilhaft. Da die Sende- und Empfangsantennen sehr dicht beieinander liegen und zusätzlich eine Linsenantenne verwendet wird, kann dieses Radar aber als quasi-monostatisch angesehen werden. Der Fokuspunkt der Linsenantenne liegt zwischen der Sende- und Empfangsantenne des Radars (Abbildung 2.9). Daher kann ein Blindbereich in Hauptstrahlrichtung bei großen Entfernungen entstehen [75] und das SNR wird für alle Entfernungen in Hauptstrahlrichtung verringert. Durch den Einsatz einer Linse mit ausreichend hoher Brennweite und Gewinn ist es möglich auch in größeren Entfernungen Genauigkeiten im Mikrometerbereich mit diesem Radar zu erzielen [75]. Das Radar arbeitet im 122 GHz ISM Band und verfügt über einen IQ-Empfänger, der zur Genauigkeitssteigerung bei Entfernungsmessungen benutzt werden kann. Es besteht aus zwei übereinander angeordneten Platinen, die sich in eine Radarplatine

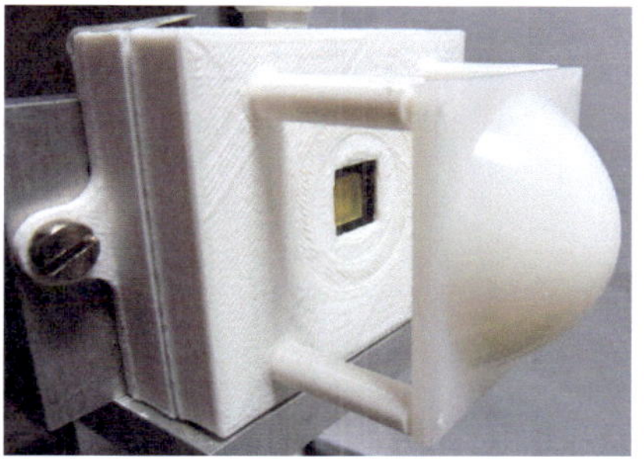

Abbildung 2.10: Foto des 122 GHz FMCW-Radars mit Linsenantenne [75] © 2015 IEEE.

Bandbreite	1,0 GHz (122,0 GHz - 123,0 GHz)
Rampendauer	1 ms - 10 ms
Ausgangsleistung	-4 dBm
Abtastrate	438 kSa/s
Gewinn mit Linsenantenne	28 dBi

Tabelle 2.4: 122 GHz FMCW-Radar Spezifikationen.

und eine Basisbandplatine aufteilen. Die Radarplatine beinhaltet alle Hochfrequenzkomponenten, einschließlich einer Delta-Sigma-Fractional-N-PLL, dem System-in-Package (SiP) und einem passiven ZF-Filter. Die Basisbandplatine besteht aus einem Verstärker mit variablem Gewinn für die I- und Q-Signale, einem aktiven ZF-Filter (Tiefpassfilter) mit einer Grenzfrequenz von 10 kHz, den A/D-Wandlern und einer Universal Serial Bus (USB)-Schnittstelle. Eine Übersicht der Radareigenschaften ist in Tabelle 2.4 aufgelistet und ein Foto des Radars ist in Abbildung 2.10 zu sehen. Das Quad Flat No Leads Package (QFN) Radarfrontend hat eine Größe von 8 mm × 8 mm und das vollständige Radarmodul einschließlich der beiden Platinen hat eine Größe von 66 mm × 55 mm × 21 mm. Das Radarfrontend besteht aus einem in einer Kavität platzierten QFN Gehäuse mit einem metallisierten Boden. Das Single-Chip Radar MMIC ist mit einem thermisch leitfähigen Kleber am Gehäuseboden befestigt. Die Sende- und Empfangsantennen sind über eine Millimeterwellen

Wedge-Wedge Bonddrahttechnik mit dem Radar-MMIC verbunden [20]. Alle anderen Bonddrähte sind Standard Ball-Wedge Verbindungen, da über sie nur Gleichstrom oder Basisbandsignale geleitet werden (Abbildung 2.9(b)). Dieses Radar wird unter anderem zur Analyse von Parameterschätzern verwendet (Abschnitt 4.3.1).

3 Genauigkeitsgrenzen des FMCW-Radars

Die Kenntnis der theoretisch erreichbaren Genauigkeit eines Radars ist notwendig, um die Leistung der Hardware sowie optimierter Auswertealgorithmen hinsichtlich der erzielbaren Genauigkeit einer Messung zu beurteilen. Dazu wird in diesem Kapitel ein Zusammenhang zwischen dem SNR eines Radars und der davon abhängigen, maximalen (theoretischen) Genauigkeit abgeleitet (Abschnitt 3.1), [74], [70]. Dieser Zusammenhang kann auch genutzt werden, um typische Genauigkeitseinflüsse der Hardware eines FMCW-Radars, wie z.B. das Phasenrauschen des PLL stabilisierten VCOs und die Linearität der Frequenzrampe, zu untersuchen (Abschnitt 3.2).

Die verschiedenen FMCW-Radare sollen unter anderem auch in Werkzeugmaschinen [32] und Robotersystemen [71], [93] zum Einsatz kommen. In diesen Umgebungen treten hohe Beschleunigungen und Geschwindigkeiten auf. Daher wird eine Analyse des Doppler-Einflusses auf den Auswertealgorithmus durchgeführt und auf die Kompensation des Doppler-Effekts eingegangen (Abschnitt 3.3).

Weitere Begrenzungen der Entfernungsgenauigkeit erfolgen durch die Beschaffenheit und Größe des Radarziels sowie dessen unmittelbarer Umgebung. Bei den dazugehörigen Untersuchungen werden, um Störungen durch Mehrwegeausbreitung zu vermeiden, Antennen mit hoher Richtwirkung eingesetzt. Dadurch finden die Messungen allerdings meist nicht mehr im Fernfeld statt. Dennoch kann gezeigt werden, dass sich ein Zusammenhang zwischen SNR, CRB und dem Radarrückstreuquerschnitt über den gesamten Messbereich herstellen lässt, so dass es möglich ist, Vorhersagen bezüglich der zu erwartenden Genauigkeit zu treffen. Die diesbezüglichen Analysen werden in Abschnitt 3.4 behandelt.

In diesem Kapitel werden alle Frequenzen und Phasen des ZF-Signals und damit die Entfernungen mit einem Algorithmus auf Basis der Chirp-z-Transformation (CZT) (Abschnitt 4.2.1 und Abschnitt 4.2.2) ermittelt. Dieser Algorithmus ermöglicht die gleiche Frequenzauflösung wie eine Fast Fourier Transform (FFT) mit Zero-Padding [50]. Es wird aber deutlich weniger Rechenzeit benötigt. Da für die Nachweise der Grenzen der Genauigkeit in diesem Kapitel der Einsatz verschiedener Algorithmen nicht zwingend notwendig ist, wird zur Auswertung ausschließlich der CZT-Algorithmus verwendet. Dieser Algorithmus wird zusammen mit weiteren Auswertealgorithmen gesondert in Kapitel 4 im Detail analysiert.

3.1 Cramér-Rao Bound für FMCW-Radare

Um die Entfernungsauswertung für das FMCW-Radar durchführen zu können, müssen die ZF nach (2.4) und die Phase des ZF-Signals nach (2.12) aus dem heruntergemischten Radarsignal bestimmt werden. Zur Beurteilung der Qualität dieser Frequenzschätzung ist es hilfreich, Konzepte der Statistik für Radare anzuwenden: Ein Schätzer[1] ermittelt auf Grund der Beobachtung einer Reihe von Daten Informationen über Werte und Verteilung von Parametern, die diesen Daten zugrunde liegen [50]. Meist liegt diesen Schätzern Vorwissen in Form eines Modells vor, wobei sich einzelne Schätzer in der Optimierung ihrer Schätzung unterscheiden. Während zum Beispiel der Least-Square-Schätzer versucht, die Summe der quadratischen Fehler zu minimieren, versucht der Maximum-Likelihood-Schätzer, das Maximum der Likelihood-Funktion zu ermitteln. Mit unterschiedlichen Annahmen über die Art des zu beobachteten Signals und die Art der Störungen lassen sich viele Spezialfälle von Schätzern ableiten. In diesem Abschnitt wird allgemein auf die Eigenschaften von Schätzern und deren limitierende Schranke, die durch die CRB definiert ist, eingegangen.
Schätzer werden in ihren Eigenschaften statistisch bewertet, da auch die zu beobachtenden Daten einer Statistik unterliegen. Daher wird ein Schätzer nicht durch eine einzige Schätzung, sondern durch eine große Stichprobe auf seine Eigenschaften untersucht. Wenn ein Schätzergebnis $\hat{b}$ eines Parametervektors b ermittelt ist, dann lässt sich bei einem Stichprobenumfang N (Anzahl der Daten pro Stichprobe) eine Wahrscheinlichkeitsdichtefunktion $f(\hat{b})$ für die Schätzung

[1] Der Algorithmus zur Bestimmung eines Wertes (z.B. der Frequenz oder der Phase) wird in der Statistik Schätzer genannt.

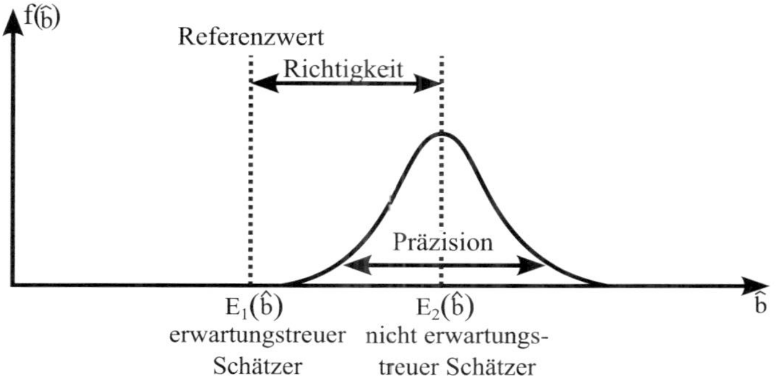

Abbildung 3.1: Erwartungstreue eines Schätzers [41].

ermitteln. Anhand dieser Funktion werden im Folgenden wichtige Eigenschaften festgelegt.

3.1.1 Erwartungstreue, Varianz und mittlere quadratische Abweichung von Schätzverfahren

Ein Schätzer gilt als erwartungstreu, wenn $E\{\hat{b}\} = b$ gilt. Das heißt, dass über viele Schätzungen gemittelt, der gemittelte Wert dem wahren Wert entspricht. Dies ist in Abbildung 3.1 dargestellt. Bei einem nicht erwartungstreuen Schätzer wird die konstante Abweichung $\tilde{b} = b - E\{\hat{b}\}$ vom wahren Wert als systematischer Fehler (engl. bias) bezeichnet [50]. Erwartungstreue Schätzer mit $\tilde{b} = 0$ werden in der Regel bevorzugt, da für eine genaue Schätzung eines nicht erwartungstreuen Schätzers zunächst der systematische Messfehler ermittelt und anschließend vom Schätzergebnis subtrahiert werden muss. Ohne Kenntnis des wahren Werts b kann sich die Ermittlung von $\tilde{b}$ aber als schwierig erweisen. Weiterhin kann ein Schätzer auch asymptotisch erwartungstreu sein, wenn dieser erst bei wachsendem Stichprobenumfang N erwartungstreu wird:

$$\lim_{N\to\infty} E\{\hat{b}\} = b. \tag{3.1}$$

Ein erwartungstreuer Schätzer ist stets auch asymptotisch erwartungstreu. Umgekehrt gilt das aber nicht.

Die Varianz bezeichnet die mittlere quadratische Abweichung vom erwarteten Wert. Für eine Schätzung $\hat{b}$ und den Erwartungswert $E\{\hat{b}\}$ lautet die Varianz var$\{\hat{b}\}$:

$$\mathrm{var}\{\hat{b}\} = E\left\{\left(\hat{b} - E\left\{\hat{b}\right\}\right)^2\right\} \quad . \tag{3.2}$$

Die Varianz ist also ein Maß für die Streuung der Schätzwerte $\hat{b}$ um den wahren Wert b.

Um einen Schätzer vollständig zu beschreiben, reichen systematischer Fehler und Varianz aber nicht aus, weil keine dieser Größen die Schätzung $\hat{b}$ und den wahren Wert b zueinander in Bezug setzen. Daher wird die mittlere quadratische Abweichung MSE$\{\hat{b}\}$ eingeführt als:

$$\mathrm{MSE}\{\hat{b}\} = E\left\{\left(\hat{b} - b\right)^2\right\} = \mathrm{var}\{\hat{b}\} + \tilde{b}^2 \quad . \tag{3.3}$$

Für einen erwartungstreuen Schätzer, für den bekanntlich $\tilde{b} = 0$ gilt, sind Mean Squared Error (MSE) und Varianz identisch. Jedoch wird für einen nicht erwartungstreuen Schätzer die zusätzliche Abweichung $\tilde{b}$ vom wahren Wert b einbezogen.

In diesem Zusammenhang ist es sinnvoll zwischen Genauigkeit (engl. accuracy), Richtigkeit (engl. trueness) und Präzision (engl. precision) zu unterscheiden[2]. Mit Präzision wird die Reproduzierbarkeit einer Messung bezeichnet, d.h. bei einer hohen Präzision ist die Varianz gering (Abbildung 3.1). Die Richtigkeit bezeichnet den Abstand des Erwartungswerts einer Messung zum Referenzwert und ist damit umgekehrt zum systematischen Fehler. Hohe Genauigkeit liegt nur vor, wenn die Präzision und die Richtigkeit hoch sind (entsprechend eine niedrige mittlere quadratische Abweichung vorliegt). Für die Entfernungsmessungen mit einem FMCW-Radar heißt das, dass ein Radar zwar eine hohe Präzision aufweisen kann (geringe Varianz einer Messung auf ein unbewegtes Ziel an einer Messposition), aber die Genauigkeit über mehrere Messpositionen durch Mehrfachreflexionen und Mehrwegeausbreitung dennoch stark verringert werden kann.

3.1.2 Konsistenz, Effizienz und Cramér-Rao Bound

Ein Schätzer wird als konsistent bezeichnet, wenn dessen Fehlerkovarianz $C_{\tilde{b}\tilde{b}}$ für einen wachsenden Stichprobenumfang N gegen 0 strebt. Der Fehler der

[2] Es wird die Definition nach ISO 5725-1 verwendet.

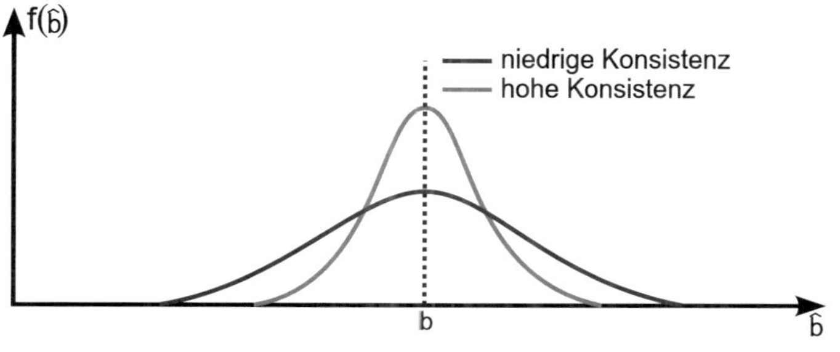

Abbildung 3.2: Konsistenz eines Schätzers [41].

Schätzung sei $\tilde{b} = \hat{b} - b$. Dann nähert sich der Schätzwert vieler Einzelmessungen dem wahren Wert an, da der Schätzwert weniger schwankt (Abbildung 3.2):

$$\lim_{N \to \infty} C_{\tilde{b}\tilde{b}} = 0 \quad . \tag{3.4}$$

Für einen effizienten Schätzer wird die Fehlerkovarianz $C_{\tilde{b}\tilde{b}}$ bei gegebenem Stichprobenumfang N minimal. Das bedeutet, dass für jedes Schätzproblem eine untere Schranke existiert, anhand derer die Effizienz eines Schätzers beurteilt wird. Diese Schranke heißt Cramér-Rao Bound und leitet sich aus der Fisher'schen Informationsmatrix her [48, S.29 f.]. Die CRB ist folglich ein Maß für die bestmögliche Genauigkeit der Schätzung. Die Ausgangsüberlegung ist die Likelihood-Funktion $L(b|y)$. Diese beschreibt eine bedingte Wahrscheinlichkeitsdichte zwischen den Schätzparametern b und den Messwerten y, weswegen gilt $L(b|y) = f(y|b)$. Sie gibt an, mit welcher Wahrscheinlichkeit sich von den Parametern auf die Messwerte schließen lässt. Die Fisher'sche Informationsmatrix ι ist wie folgt definiert:

$$\begin{aligned} \iota &= \left(-E_{y|b} \left(\frac{\partial^2}{\partial b_i \partial b_j} \ln f(y|b) \right) \right)_{i,j} \\ &= \left(-E_{y|b} \left(\frac{\partial^2}{\partial b_i \partial b_j} \ln L(b|y) \right) \right)_{i,j} \end{aligned} \tag{3.5}$$

Es gilt für jeden Schätzer:

$$C_{\tilde{b}\tilde{b}} \geq \iota^{-1} \tag{3.6}$$

3.1.3 Cramér-Rao Bound für Entfernungsmessungen

Für den Fall einer Signalschätzung der Form $x(t) = A\cos(2\pi f_{\mathrm{ZF}} t + \varphi_{\mathrm{ZF}})$, siehe (2.11), wobei $b = [A, f_{\mathrm{ZF}}, \varphi_{\mathrm{ZF}}]$ zu schätzen ist, kann wie in [48] die CRB var$\{\hat{f}_{\mathrm{ZF}}\}$ für die Frequenzschätzung $\hat{f}_{\mathrm{ZF}}$ und die CRB var$\{\hat{\varphi}_{\mathrm{ZF}}\}$ für die Phasenschätzung $\hat{\varphi}_{\mathrm{ZF}}$ formuliert werden. Dazu wird die Likelihood-Funktion für jeden Parameter als normalverteilt angenommen und deren Maximum bestimmt. Das Ergebnis lautet für die normierte Frequenz

$$\begin{aligned} \mathrm{var}\left\{\hat{f}_{\mathrm{ZF}}\right\} &\geq \frac{12 f_{\mathrm{s}}^2}{(2\pi)^2 N (N^2-1)\eta} \\ &\overset{N \gg 1}{\approx} \frac{12 f_{\mathrm{s}}^2}{(2\pi)^2 N^3 \eta} \end{aligned} \tag{3.7}$$

und für die Phase

$$\begin{aligned} \mathrm{var}\left\{\hat{\varphi}_{\mathrm{ZF}}\right\} &\geq \frac{2(2N-1)}{N(N+1)\eta} \\ &\overset{N \gg 1}{\approx} \frac{4}{N\eta} \quad . \end{aligned} \tag{3.8}$$

In (3.7) und (3.8) ist N die Anzahl der verfügbaren Messpunkte und f_{s} die Abtastfrequenz. Das SNR ist bei einer reellen Schwingung mit weißem Rauschen der Varianz σ^2 wie folgt definiert: $\eta = A^2/(2\sigma^2)$. Nach (2.4) hängt die Ermittlung der Entfernungsgenauigkeit von der genauen Schätzung der ZF ab. Die in der Praxis notwendige Abtastung der Frequenz ist ein diskreter Prozess. Daher ändert sich (2.4) zu

$$\frac{f_{\mathrm{ZF}}}{f_{\mathrm{s}}} = \frac{B}{N}\frac{2r}{c_0} \quad . \tag{3.9}$$

Die Varianz der diskretisierten ZF aus (3.9) lautet

$$\mathrm{var}\left\{\frac{f_{\mathrm{ZF}}}{f_{\mathrm{s}}}\right\} = \frac{4B^2}{N^2 c_0^2} var\left\{r\right\}. \tag{3.10}$$

Mit (3.7) und (3.10) berechnet sich die CRB für ein FMCW-Radar zu ($N >> 1$) [74], [70]:

$$\mathrm{var}\left\{r\right\} \geq \frac{3c_0^2}{(2\pi)^2 \eta N B^2} \quad . \tag{3.11}$$

Aus (3.11) geht hervor, dass eine große Bandbreite, ein hohes SNR und die absolute Anzahl verfügbarer Abtastwerte die maximal mögliche Entfernungsgenauigkeit des FMCW-Radars verbessern. Da es nicht immer möglich ist, diese Eigenschaften zu optimieren, kann, wie in Abschnitt 2.1.1 gezeigt, zusätzlich die Phase des ZF-Signals zur Entfernungsberechnung verwendet werden. Um eine Aussage über die maximale Entfernungsgenauigkeit der Phasenauswertung treffen zu können, wird auch hierfür die CRB berechnet. Die Varianz der Phase des ZF-Signals mit (2.12) für die Aufwärts- bzw. mit (2.13) für die Abwärtsrampe ist

$$\mathrm{var}\left\{\varphi_{\mathrm{ZF}}\right\} = \frac{4(2\pi)^2 f^2}{c_0^2} \mathrm{var}\left\{r\right\}, \tag{3.12}$$

wobei für f in Abhängigkeit der gewählten Rampe $f_{\min}$ oder $f_{\max}$ eingesetzt werden muss. Die CRB der Phasenauswertung des FMCW-Radars resultiert aus der Kombination von (3.8) und (3.12) und lautet für eine ausreichend hohe Anzahl an Messwerten ($N >> 1$):

$$\mathrm{var}\left\{r\right\} \geq \frac{c_0^2}{(2\pi)^2 f^2 \eta N} \quad . \tag{3.13}$$

Aus (3.13) folgt, dass die Entfernungsgenauigkeit der Phasenauswertung verbessert werden kann, wenn mehr Abtastwerte zur Verfügung stehen oder wenn die Startfrequenz der Rampe erhöht wird. Falls die Startfrequenz zur Genauigkeitssteigerung der Phasenauswertung erhöht wird, muss allerdings zuvor eine ausreichend hohe Genauigkeit mit der Frequenzauswertung erzielt worden sein, um eine Phasenauswertung zu ermöglichen (Abschnitt 2.1.2).
Des Weiteren lässt sich aus der Proportionalität von (3.11) und $1/B^2$ sowie der Proportionalität von (3.13) und $1/f^2$ folgern, dass sich die mögliche Steigerung der Genauigkeit durch die zusätzliche Phasenauswertung bei sehr großen Bandbreiten verringert: Beim 24 GHz FMCW-Radar beträgt das Verhältnis $f/B \approx 24$ im Vergleich zum 80 GHz FMCW-Radar mit einem Verhältnis von $f/B \approx 3$. Zusätzlich weist die Phasenauswertung höhere Anforderungen an die Stabilität der Radarhardware auf, wie beispielsweise eine temperaturstabile Referenzquelle in der PLL über einen Ofenquarz mit entsprechend erhöhten Platzanforderungen, eine präzise Triggerung der Rampen und des A/D-Wandlers usw., so dass sich Frequenz- und Phasenauswertung bei sehr großen Bandbreiten in der erzielten Genauigkeit annähern können (Abschnitt 3.1.6). Da in den

meisten Bändern die maximal erlaubte Bandbreite für Freiraumanwendungen stark eingeschränkt ist und die eingesetzte Hardware für die Phasenauswertung optimiert werden kann, überwiegen dennoch die Vorteile der Phasenauswertung deutlich. Im ISM Band bei 122 GHz beträgt das Verhältnis aus f/B bis zu 123 für Abwärtsrampen.

3.1.4 Zusammenhang zwischen Frequenz- und Phasengenauigkeit

Die CRB kann auch genutzt werden, um zu untersuchen, wie stark sich Frequenzfehler auf den davon abhängigen Phasenfehler auswirken. Des Weiteren kann eine Aussage getroffen werden, ob nichtweiße (bzw. systematische) Frequenzfehler oder das weiße Rauschen einen größeren Einfluss auf die Phasengenauigkeit haben.
In (3.11) und (3.13) wurden die einzelnen FMCW CRBs getrennt, jeweils für Frequenz und Phase des ZF-Signals, abgeleitet. Es ist jedoch auch möglich, eine weitere CRB für die Phase direkt aus der CRB der Frequenz abzuleiten. Dadurch kann der Einfluss von Frequenzfehlern auf die Phase gezeigt werden. Da das Verfahren zur Phasenschätzung des ZF-Signals annimmt, dass die ZF exakt bekannt ist, führen ungenaue Frequenzschätzungen zu zusätzlichen Phasenfehlern. Um diesen zusätzlichen Phasenfehler zu berechnen, muss die (diskrete) Gleichung der Phasenschätzung (bzw. das Ergebnis der Phasenschätzung s_N)

$$\begin{aligned} s_\mathrm{N} &= \sum_{n=0}^{N-1} A\cos\left(2\pi f_\mathrm{ZF,s}\cdot n + \varphi_\mathrm{ZF,s}\right)\exp\left(-j2\pi f_\mathrm{ZF,s}\cdot n\right) \\ &= \sum_{n=0}^{N-1} \frac{A}{2}\exp\left(j\varphi_\mathrm{ZF,s}\right)\left(1+\exp\left(-j2\pi 2 f_\mathrm{ZF,s}\cdot n\right)\right) \end{aligned} \tag{3.14}$$

aus Abschnitt 4.2.2 unter Vernachlässigung des systematischen Fehlerterms $\exp\left(-j2\pi 2 f_\mathrm{ZF,s} n\right)$ erweitert werden. In (3.14) bezeichnet n den Zeitindex, $f_\mathrm{ZF,s}$ ist die normalisierte ZF mit

$$f_\mathrm{ZF,s} = \frac{f_\mathrm{ZF}}{f_\mathrm{s}} \quad , \tag{3.15}$$

und $\varphi_\mathrm{ZF,s}$ ist die normalisierte Phase des ZF-Signals. Eine Erweiterung des Phasenschätzterms mit einem Fehler $\Delta f_\mathrm{e,s} = \Delta f_\mathrm{e}/f_\mathrm{s}$ der normalisierten ZF führt zu

$\tilde{s}_\mathrm{N}$:

$$\tilde{s}_\mathrm{N} = \sum_{n=0}^{N-1} \frac{A}{2} \exp\left(j\varphi_\mathrm{ZF,s} + j2\pi\Delta f_\mathrm{e,s} n\right). \tag{3.16}$$

Um die auf der CZT basierende Phasenauswertung durchzuführen (Abschnitt 4.2.2), muss die geometrische Reihe von (3.16) berechnet werden:

$$\begin{aligned} \tilde{s}_\mathrm{N} &= \frac{A}{2} \exp\left(j\varphi_\mathrm{ZF,s}\right) \frac{1-\exp\left(j2\pi\Delta f_\mathrm{e,s} N\right)}{1-\exp\left(j2\pi\Delta f_\mathrm{e,s}\right)} \\ &= \frac{A}{2} \exp\left(j\left(\varphi_\mathrm{ZF,s} + \frac{2\pi\Delta f_\mathrm{e,s}}{2}(N-1)\right)\right) \frac{\sin(\pi\Delta f_\mathrm{e,s} N)}{\sin(\pi\Delta f_\mathrm{e,s})}. \end{aligned} \tag{3.17}$$

Über die Berechnung des Arguments ergibt sich die ideale Phase mit einem zusätzlichen Phasenfehler φ_e:

$$\begin{aligned} \tilde{\varphi}_\mathrm{ZF,s} &= \arg\left\{\tilde{s}_\mathrm{N}\right\} \\ &= \arg\left\{\exp\left(j\left(\varphi_\mathrm{ZF,s} + \frac{2\pi\Delta f_\mathrm{e,s}}{2}(N-1)\right)\right)\right\} \\ &= \varphi_\mathrm{ZF,s} + \underbrace{\frac{2\pi\Delta f_\mathrm{e,s}}{2}(N-1)}_{\varphi_\mathrm{e}}. \end{aligned} \tag{3.18}$$

Wenn $\Delta f_\mathrm{e,s}$ mit $\Delta f_\mathrm{e}/f_\mathrm{s}$ ersetzt wird, ändert sich der Term des Phasenfehlers φ_e zu

$$\varphi_\mathrm{e} = \pi\frac{\Delta f_\mathrm{e}}{f_\mathrm{s}}(N-1). \tag{3.19}$$

Der Phasenfehler steigt linear mit der Anzahl an Abtastwerten N. Eine Kompensation dieses Fehlers durch Referenzmessungen ist nicht möglich, da der Fehler in der Frequenzauswertung zufällig bzw. normalverteilt ist. Die Auswirkung des Phasenfehlers auf die Entfernungsauswertung kann mit Hilfe von (2.12) z.B. für die Aufwärtsrampe berechnet werden:

$$r_\mathrm{e}(\Delta f_\mathrm{e}) = \frac{\Delta f_\mathrm{e}}{f_\mathrm{s}}(N-1) \cdot \frac{c_0}{4 f_\mathrm{min}}. \tag{3.20}$$

In Abbildung 3.3 ist der resultierende, positionsabhängige Fehlerverlauf für das 24 GHz FMCW-Radar dargestellt. Die Frequenzfehler Δf_e sind exemplarisch

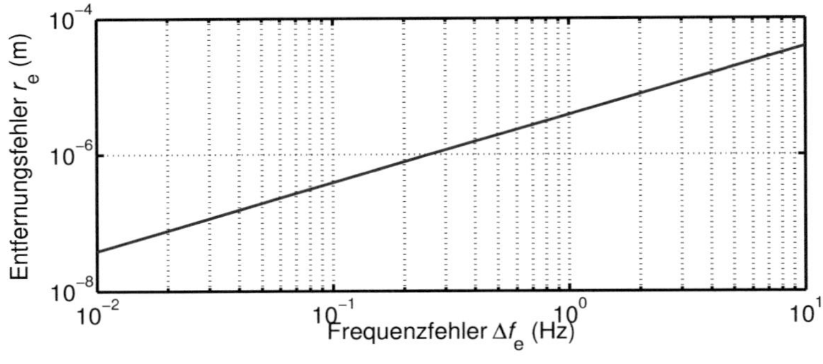

Abbildung 3.3: Einfluss von Frequenzfehlern auf die Entfernungsgenauigkeit der Phasenauswertung beim 24 GHz FMCW-Radar [70] © 2015 IEEE.

für einen Bereich von 0,01 Hz - 10 Hz festgelegt. Es wurden N=1000 Abtastwerte gewählt, bei einer Abtastrate von 1 MSa/s und einer Rampenstartfrequenz f_{min} von 23,8 GHz (Tabelle 2.1). Ein Frequenzfehler von Δf_{e}=1 Hz (300 µm Entfernungsabweichung, wenn die Entfernung nur über die Frequenz berechnet wird) und eine Abtastlänge von N führen folglich zwangsweise zu einem mittleren Entfernungsfehler $r_{\mathrm{e}}(\Delta f_{\mathrm{e}})$ von 4 µm (wenn die Entfernung über die Phase berechnet wird). Dieser Fehler kann, falls er deterministischer Natur ist, nur durch ein verbessertes Frequenzauswerteverfahren reduziert werden (Abschnitt 4.3). Im Allgemeinen sind die auftretenden Fehler jedoch zufällig und normalverteilt, so dass sie nicht kompensierbar sind. Unter Annahme einer Normalverteilung können die Entfernungsfehler aber mit der CRB verknüpft werden. Diese Variante der CRB ermöglicht es, zusätzliche Aussagen bezüglich der kombinierten Frequenz- und Phasenauswertung zu treffen. Diese neue CRB wird berechnet, indem (3.19) mit der CRB der Frequenzschätzung (3.7) kombiniert wird. Daraus resultiert eine modifizierte CRB var$\{\hat{\varphi}_{\mathrm{ZF,m}}\}$ für die Phasenschätzung:

$$\mathrm{var}\{\hat{\varphi}_{\mathrm{ZF,m}}\} \geq \frac{3\cdot(N-1)}{N\,(N+1)\,\eta} \overset{N\gg 1}{\approx} \frac{3}{N\eta} \quad . \tag{3.21}$$

Unter Verwendung von (3.19) und (3.20) ist es des Weiteren möglich, einen von der Phase abhängigen Entfernungsfehler zu erhalten. Für den Fall einer

Aufwärtsrampe resultiert der folgende Entfernungsfehler r_e:

$$r_\mathrm{e} = \frac{c_0}{4\pi f_\mathrm{min}} \varphi_\mathrm{e} \quad . \tag{3.22}$$

Wenn die Bedingung $N \gg 1$ erfüllt ist, kann die Varianz des Entfernungsfehlers über die modifizierte CRB zu

$$\begin{aligned} \mathrm{var}\left\{r_\mathrm{e}\right\} &= \left(\frac{c_0}{4 f_\mathrm{min} \pi}\right)^2 \mathrm{var}\left[\hat{\varphi}_\mathrm{mCRB}\right] \\ &\geq \frac{3c_0^2}{(4\pi f_\mathrm{min})^2 N\eta} \end{aligned} \tag{3.23}$$

berechnet werden. Diese modifizierte CRB des Entfernungsfehlers nimmt linear mit $(N\eta)^{-1}$ ab.
Im Vergleich zur CRB der Phasenschätzung von (3.8) weicht die modifizierte CRB um einen Faktor von

$$\begin{aligned} \frac{\mathrm{var}\left\{\hat{\varphi}_\mathrm{ZF,m}\right\}}{\mathrm{var}\left\{\hat{\varphi}_\mathrm{ZF}\right\}} &= \frac{3N\eta}{4N\eta} \\ &= \frac{3}{4} \mathrel{\widehat{=}} -\, 1,25\ \mathrm{dB} \end{aligned} \tag{3.24}$$

ab ($N \gg 1$). Die modifizierte CRB basiert auf der Annahme einer ungenauen Frequenzschätzung und einer idealen Phase, die nicht durch weißes Rauschen beeinflusst wurde. Bei einer realen Messung sind jedoch Frequenz und Phase durch weißes Rauschen gestört (3.8). Daher muss zu Vergleichszwecken eine CRB berechnet, werden bei der nur die Phase durch Rauschen gestört und eine ideale Frequenzschätzung angenommen wird. Die Kombination dieser CRB und der modifizierten CRB führt wieder zur allgemeinen CRB zurück (3.8). Wenn die Phasenschätzung mit nur einem Parameter, idealer Frequenz und der durch weißes Gaußsches Rauschen gestörten Phase durchgeführt wird, lautet die CRB $\mathrm{var}\left\{\hat{\varphi}_\mathrm{phase}\right\}$ ($N \gg 1$)

$$\mathrm{var}\left\{\hat{\varphi}_\mathrm{phase}\right\} \geq \frac{1}{N\eta} \tag{3.25}$$

nach [48]. Die beiden Aspekte der Phasenschätzung, ideale Phase und ideale Frequenz, können daher theoretisch getrennt betrachtet werden. Falls beide

Parameter nicht ideal sind, ergibt sich die CRB aus (3.8), die aus den beiden einzelnen CRBs (3.21) und (3.25) besteht:

$$\operatorname{var}\{\hat{\varphi}_{\mathrm{ZF}}\} = \operatorname{var}\{\hat{\varphi}_{\mathrm{ZF,m}}\} + \operatorname{var}\{\hat{\varphi}_{\mathrm{phase}}\} \tag{3.26}$$

$$\frac{4}{N\eta} = \frac{3}{N\eta} + \frac{1}{N\eta} \quad . \tag{3.27}$$

Der Einfluss eines Frequenzfehlers auf die Phase ist daher drei Mal so hoch, wie Fehler, die durch weißes Rauschen entstehen und die Phase direkt verfälschen. Die in diesem Abschnitt zusätzlich berechneten CRBs sind in erster Linie interessant, um die Bedeutung der Frequenzschätzung für die Genauigkeit des Gesamtsystems hervorzuheben. In der Praxis können die beiden idealen Voraussetzungen nur angenähert werden. Daher wird zum Vergleich mit Messungen (3.13) verwendet. Wenn ein bekannter Entfernungsfehler der Frequenzauswertung vorliegt, kann (3.20) verwendet werden, um die Auswirkungen auf den Entfernungsfehler der Phasenauswertung zu ermitteln.

3.1.5 Verifikation der Cramér-Rao Bound in Hohlleitermessungen

Bei der CRB handelt es sich um eine theoretische Grenze, die in der Praxis nicht erreicht werden kann. Um dieser theoretischen Genauigkeitsgrenze dennoch möglichst nahe zu kommen, werden Hohlleitermessungen durchgeführt, die darauf optimiert sind, dass möglichst keine systematischen Störungen auftreten, da die CRB nur für weißes Rauschen definiert ist. Daher muss sichergestellt werden, dass die Messungen nicht durch andere Rauscharten gestört werden. In einem Radarsystem tritt als weitere Rauschart hauptsächlich Phasenrauschen auf (Abschnitt 3.2). Auf Grund der kurzen Messdistanzen (< 5 m) und des FMCW-Radarprinzips löscht sich das (kohärente) Phasenrauschen größtenteils bei der Abwärtsmischung selbst aus [24]. Trotz der Optimierungsmaßnahmen der Messung ist es immer noch notwendig den Einfluss deterministischer Störungen zu untersuchen, wie beispielsweise Störungen durch Mehrfachreflexionen innerhalb der Messstrecke.

In Abbildung 3.4 und Abbildung 3.5 ist der Messaufbau zur Verifizierung der CRB gezeigt. Für die Messungen wurde das K-Band Radarsystem mit den in Abschnitt 2.2.1 beschriebenen Einstellungen verwendet. Das Radarsignal wird

(a) Foto des Messaufbaus.

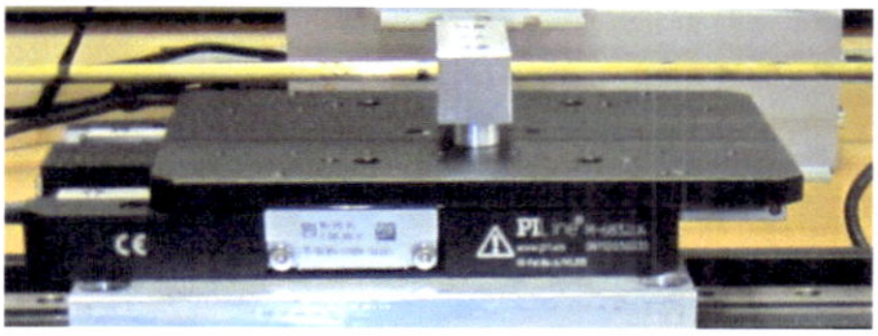

(b) Eingesetzter Piezomotor mit integriertem, optischem Linearencoder.

(c) 24 GHz FMCW-Radar.

Abbildung 3.4: Messaufbau zur Verifizierung der berechneten CRB durch 24 GHz FMCW-Radar Hohlleitermessungen [70] © 2015 IEEE.

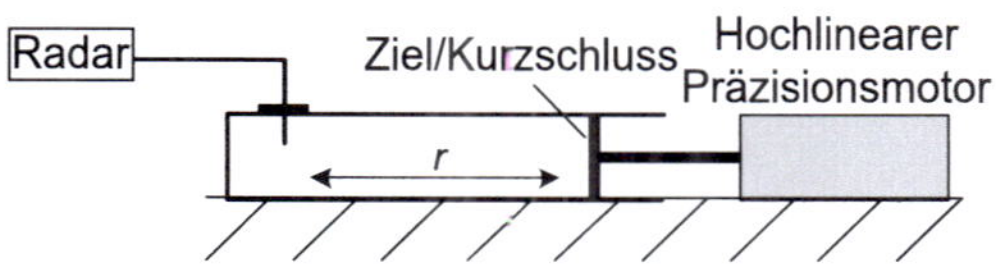

Abbildung 3.5: Schemazeichnung des Messaufbaus, 24 GHz FMCW-Radar [70] © 2015 IEEE.

in einen 0,5 m langen K-Band Hohlleiter eingespeist und ein optimierter Kurzschluss wird als Radarziel verwendet [19], [11]. Dieser Messaufbau vermeidet Mehrwegeausbreitung und ist optimiert für Einzielszenarios. Es ist jedoch nicht möglich, sämtliche Mehrfachreflexionen zu vermeiden. Daher wird der Abstand zum Ziel auf 1,40 m verlängert. Dieser zusätzliche Messabstand ermöglicht eine stärkere Trennung des Ziels von umliegenden Störungen nach (2.4). Die Messungen werden bei einem Abstand von 1,40 m bis 1,45 m in 1 mm Schritten durchgeführt. Das Ziel ist über eine Stange direkt mit dem Piezomotor (M-683.2U4, PI) verbunden. Als Referenz für die Radarabstandsmessung wird ein, in den Piezomotor integrierter, optischer Linearencoder mit einer maximalen Genauigkeit von 100 nm verwendet. Die Abtastrate beträgt 1 MSa/s in allen Messungen. Auf Grund der Rampendauer von 1 ms resultieren 1000 Messwerte pro Messung. An jeder Messposition werden 100 Messungen

aufgenommen und die vollständige Messung wird fünf Mal wiederholt, so dass 500 Messungen pro Position für statistische Analysen vorliegen. Abbildung 3.6 zeigt die Messergebnisse einschließlich der Standardabweichung pro Position als Balken. Eine Schwingung des Entfernungsfehlers über der gemessenen Strecke ist erkennbar, die die folgenden beiden Ursachen hat: Trotz der Optimierungen des Messaufbaus können nicht alle Mehrfachreflexionen vollständig vermieden werden. Diese Mehrfachreflexionen überlagern sich mit dem Radarziel und führen zu einem positionsabhängigen Fehler. Die zweite Ursache des Fehlers ist ein durch Spiegelfrequenzen verursachter Entfernungsfehler bei sehr hohen Genauigkeiten [72]. Zum Vergleich mit der CRB wird die kumulative Verteilungsfunktion der Standardabweichungen berechnet. Das Ergebnis ist in Abbildung 3.7 zu sehen. Die mittlere Standardabweichung über alle Messpositionen beträgt 774 nm. Die Genauigkeit von 5 µm und die Standardabweichung von 774 nm sind für Hohlleitermessungen mit einem 24 GHz FMCW-Radar mit 1 GHz Bandbreite ein Rekordergebnis, das bisher noch nicht erreicht wurde.
Um die Messergebnisse mit der theoretischen CRB Vorhersage zu vergleichen, ist es außerdem notwendig, das SNR des FMCW-Radars zu schätzen. Für die Berechnung des SNRs wird das Spektrum über die FFT berechnet und mittels Zero-Padding interpoliert. Um den Einfluss von Nebenkeulen zu reduzieren, wird ein Blackman Fenster verwendet. Das Spektrum ist in Abbildung 3.8 dargestellt.

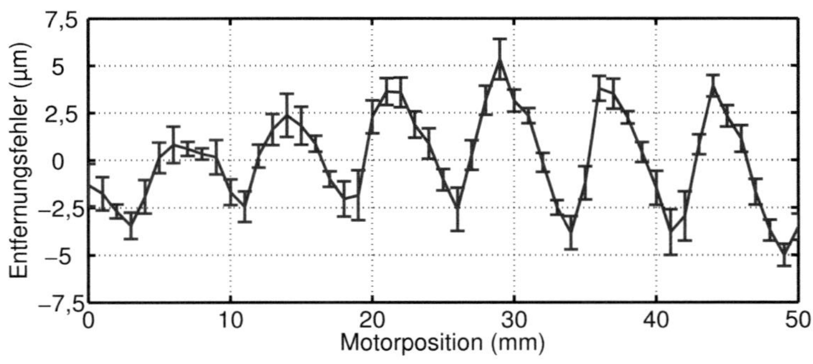

Abbildung 3.6: Entfernungsfehler und Standardabweichungen bei Messungen im Hohlleiter, 24 GHz FMCW-Radar [70] © 2015 IEEE.

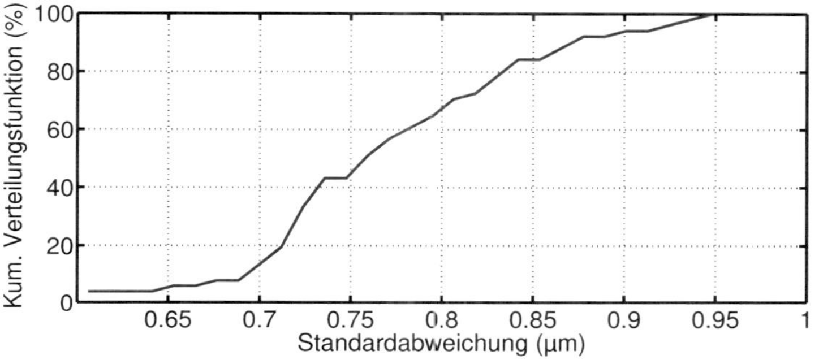

Abbildung 3.7: Kumulative Verteilungsfunktion der Standardabweichungen, 24 GHz FMCW-Radar [70] © 2015 IEEE.

Zur Berechnung des Grundrauschens sind einige Vorüberlegungen erforderlich: Da es sich beim 24 GHz FMCW-Radar um ein monostatisches Radar handelt, ist es nicht möglich den Ein- und Ausgang des Radars kurz zu schließen, um feste Störungen im Radar durch eine Systemkalibrierung zu entfernen, bzw. dadurch das SNR des Radars direkt zu bestimmen. Des Weiteren ist es auch nicht möglich, das Grundrauschen zu messen, indem der Hohlleiter reflexionsfrei abgeschlossen wird. Ein reflexionsfreier Abschluss würde dazu führen, dass das Ausgangsrauschen des Radars vernachlässigt wird, das bei einer Messung auch wieder zum Radar zurück reflektiert wird. Die Rauschleistung kann jedoch ermittelt werden, indem die gleiche Messung zwei Mal durchgeführt wird und die Messungen voneinander subtrahiert werden. Da das weiße Rauschen eine zufällige Verteilung besitzt, werden über diese Methode nur statische Komponenten vom Spektrum entfernt und das Grundrauschen bleibt übrig. Allerdings müssen vom ermittelten Grundrauschen wieder 3 dB abgezogen werden, weil das Rauschen in beiden Messungen unkorreliert ist und sich dadurch bei dieser Methode verdoppelt. Das Grundrauschen ist ebenfalls in Abbildung 3.8 zu sehen. Die Rauschleistung wird über die Varianz der Amplitude des Grundrauschens im Bereich zwischen 8 kHz und 100 kHz berechnet. Dieser Frequenzbereich entspricht der 3 dB-Bandbreite des Bandpassfilters im FMCW-Radar. Es ergibt sich ein SNR η_{FFT} von etwa 75,5 dB. Um einen Vergleich mit der CRB im Zeitbereich durchzuführen, ist es notwendig den Prozessierungsgewinn der

FFT (27 dB) abzuziehen und die Verluste des Blackman Fensters zu addieren (7,5 dB, [40]). Das SNR η_t im Zeitbereich beträgt somit 56 dB.
Da im Hohlleiter gemessen wird, wird zur Berechnung der CRB statt der Lichtgeschwindigkeit c_0 die Gruppengeschwindigkeit v_{gr} (Tabelle 2.1) in (3.13) verwendet. Des Weiteren wird für einen besseren Vergleich zwischen der CRB und der Messung die Standardabweichung aus der Varianz in (3.13) berechnet. In Abbildung 3.9 ist die über die CRB ermittelte Standardabweichung des 24 GHz FMCW-Radars zu sehen. Die Anzahl an Abtastwerten beträgt $N = 1000$. Für die Messung wurden Aufwärtsrampen mit einer Minimalfrequenz f_{min} von 23,8 GHz verwendet. Mit einem berechneten SNR η_t von 56 dB ist eine Standardabweichung der Entfernung von 124 nm theoretisch zu erwarten. Allgemein gilt, dass die CRB eine Vorhersage für den günstigsten Fall trifft und nur weißes Rauschen betrachtet. Da in den Messungen zusätzliche Störquellen auf Grund von Hardwarefehlern (Mehrfachreflexionen, keine vollständige Totalreflexion am Ziel, Störstellen an Übergängen) vorhanden sind, zeigt die gemessene Standardabweichung von 774 nm eine sehr gute Übereinstimmung mit der theoretischen Vorhersage. Die Messungen zeigen, neben der Gültigkeit der CRB, dass mit dem eingesetzten CZT-Algorithmus (Abschnitt 4.2.1) hohe Genauigkeiten im Mikrometerbereich in Hohlleitern möglich sind.

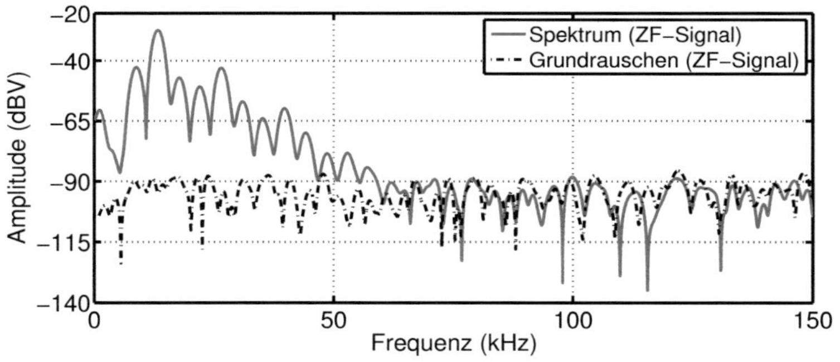

Abbildung 3.8: Spektrum des ZF-Signals zur Berechnung des SNRs im 24 GHz FMCW-Radar [70] © 2015 IEEE.

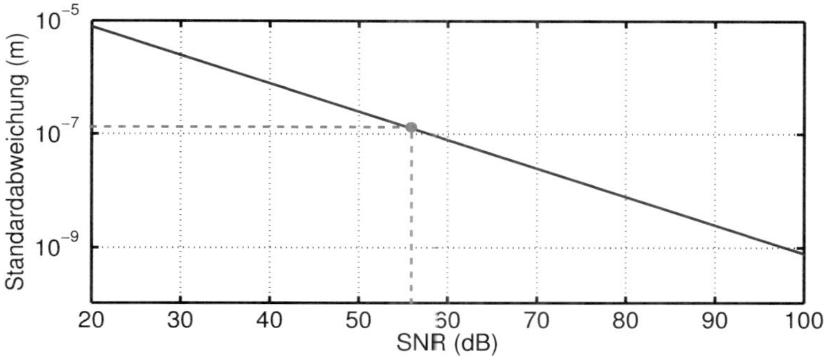

Abbildung 3.9: Standardabweichung (CRB) des 24 GHz FMCW-Radars in Abhängigkeit des SNRs [70] © 2015 IEEE.

3.1.6 Folgerungen aus der Cramér-Rao Bound in Freiraummessungen

Neben den Messungen im Hohlleiter ist es auch möglich, die Vorhersagen der CRB in Freiraummessungen zu überprüfen und weitere Folgerungen aus der CRB zu ziehen. Im Gegensatz zu den Hohlleitermessungen in Abschnitt 3.1.5, in denen 1 GHz Bandbreite zur Verfügung steht, kann mit der größeren Bandbreite von 25 GHz des 80 GHz FMCW-Radars besser gezeigt werden, dass die Genauigkeit der Frequenzauswertung von der Bandbreite abhängt und die Genauigkeit der Phasenauswertung von der Frequenz des FMCW-Radars.
Für Vergleiche mit der CRB ist es notwendig, wie bei den Hohlleitermessungen, möglichst ideale Messbedingungen zu schaffen: Die für die Freiraummessungen eingesetzten Radare verfügen alle über Linsenantennen mit einem hohen Gewinn von mindestens 25 dBi sowie geringer Nebenkeulen (Abschnitt 2.2) und der Einfluss von Mehrwegeausbreitung ist folglich stark reduziert. Dennoch wird die Messumgebung zusätzlich mit Mikrowellenabsorbern abgeschirmt, da sich bei Messungen mit Genauigkeiten im einstelligen Mikrometerbereich und darunter, eine leichte Verschlechterung der Genauigkeit ohne Absorber zeigt (Abbildung 3.10, Abschnitt 3.4.2). Um den Zusammenhang zwischen Bandbreite und Genauigkeit bei Frequenz- und Phasenauswertung zeigen zu können, wird das 80 GHz FMCW-Radar mit einer maximalen Bandbreite von 25 GHz gewählt. Auf Grund der großen Bandbreite kann die Linsenantenne des Radars

nicht perfekt an den Hohlleiterausgang angepasst werden und es treten dadurch (Mehrfach-)Reflexionen auf, die die Genauigkeit bei Radarabständen von weniger als 7 cm stark beeinflussen. Des Weiteren kann gezeigt werden, dass sich die Genauigkeit im Nahfeld der Antenne stark verringert (Abschnitt 3.4.2). Daher wird für die Messungen ein Messbereich von 7 cm bis 112 cm festgelegt. Die Messungen werden mit dem gleichen Piezomotor wie in Abschnitt 3.1.5 durchgeführt (50 mm Hub, 100 nm Sensorgenauigkeit). Der Piezomotor ist über einen zweiten Motor mit einem Boschprofil verbunden. Da nur der Piezomotor über eine ausreichend hohe Sensorgenauigkeit als Referenz verfügt, werden, wie in Abbildung 3.11 dargestellt, die Motoren einschließlich des Ziels an insgesamt 6 verschiedene Messpositionen verschoben, die einzeln ausgewertet werden. Für

Abbildung 3.10: Foto des Messaufbaus zur Verifikation der CRB in Freiraummessungen [3], 80 GHz FMCW-Radar.

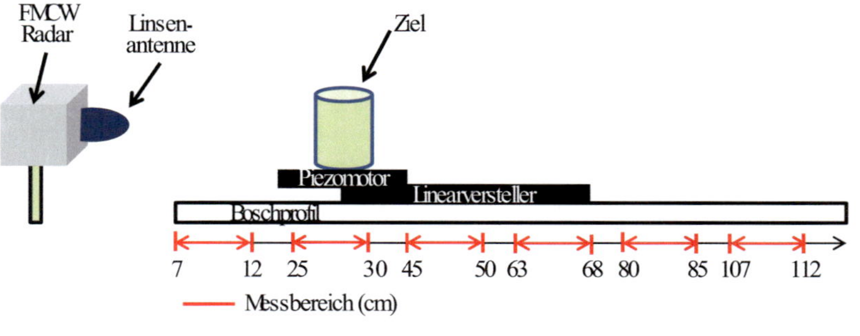

Abbildung 3.11: Schemazeichnung des Messaufbaus des 80 GHz FMCW-Radars [3].

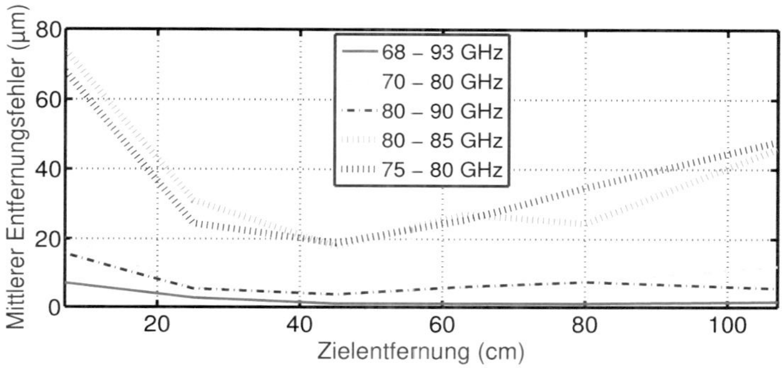

Abbildung 3.12: Einfluss unterschiedlicher Bandbreiten (5 GHz, 10 GHz, 25 GHz) auf die Genauigkeit der Frequenzauswertung [3], 80 GHz FMCW-Radar.

die Messungen wird jeweils eine Schrittweite von 1 mm gewählt und nach der Auswertung der Messungen zur besseren Übersicht jeweils der Mittelwert gebildet. Das für die Untersuchungen gewählte Ziel ist ein Winkelreflektor mit einer Seitenlänge von 12 cm. Die nachfolgenden Messergebnisse konnten auch für andere Arten von Zielen bestätigt werden (bei ähnlichen Zusammenhängen mit anderen Genauigkeiten) [3]. Die Bandbreite des 80 GHz FMCW-Radars wird auf 5 GHz, 10 GHz und 25 GHz geändert. Für Bandbreiten von 5 GHz und 10 GHz werden jeweils zwei Frequenzbereiche innerhalb des gesamten Frequenzbereichs von 68 GHz bis 93 GHz ausgewählt. Das Ergebnis der Frequenzauswertung ist in Abbildung 3.12 dargestellt. Wie von der zugehörigen CRB (3.11) vorhergesagt, nimmt mit steigender Bandbreite die Genauigkeit zu. Insbesondere erlaubt die größte Bandbreite von 25 GHz eine Trennung des realen Ziels von Scheinzielen, die durch Mehrfachreflexionen entstehen, so dass in diesem Fall bereits mit der Frequenzauswertung über die gesamte Strecke eine Genauigkeit mit einem Fehler < 5 µm erreicht wird.

Bei der zusätzlichen Phasenauswertung ist eine deutliche Genauigkeitssteigerung zu erwarten, die nach der entsprechenden CRB (3.13) unabhängig von der Bandbreite erfolgt und stattdessen von der Anfangsfrequenz der Rampe abhängt. Wie in Abbildung 3.13 zu sehen ist, bestätigt sich erneut die Vorhersage der CRB. Es zeigt sich hierbei auch sehr deutlich, dass sich die Genauigkeit bei einer Bandbreite von 25 GHz nur noch um einen Faktor von etwa 3 im Fall der zusätzlichen Phasenauswertung verbessert, wohingegen sich bei einer Bandbreite von 5 GHz eine Steigerung der Genauigkeit um einen Faktor von etwa 16 erzielen lässt (f/B-Verhältnis in Abschnitt 3.1.3). Damit ist es möglich, auch mit geringeren Bandbreiten eine sehr hohe Genauigkeit unterhalb von einem Mikrometer zu erzielen.

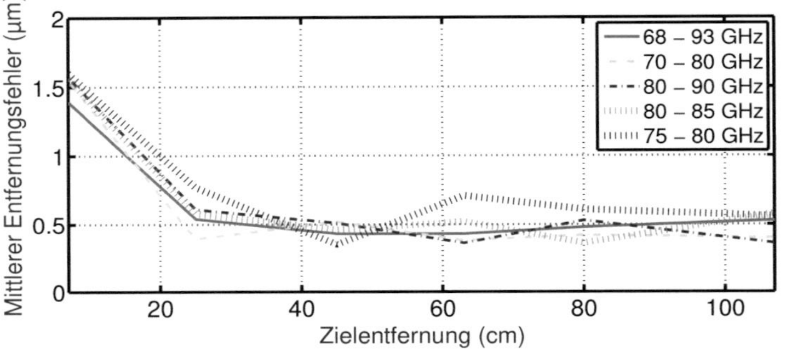

Abbildung 3.13: Einfluss unterschiedlicher Bandbreiten (5 GHz, 10 GHz, 25 GHz) auf die Genauigkeit der Phasenauswertung [3], 80 GHz FMCW-Radar.

Durch die CRB ist es auch möglich, Vorhersagen bezüglich der Genauigkeit in Abhängigkeit des SNRs zu treffen. In Abbildung 3.14 ist die gemessene Genauigkeit einer 7×7 cm^2 großen Platte zu sehen. Für die Messung wurde der gleiche Messaufbau wie bisher verwendet (Abbildung 3.11). Die Genauigkeit zwischen der ersten Messposition und der letzten Messposition ändert sich bei der Frequenzauswertung um etwa 11 µm und bei der Phasenauswertung um etwa 2,8 µm. Die gemessene Änderung des SNRs beträgt etwa 15 dB, wobei das SNR wie in Abschnitt 3.1.5 ermittelt wird. Auf Grund der Störungen durch Mehrfachreflexionen und da die CRB eine Schranke ist, die nur theoretisch erreicht werden kann, wird statt des SNRs die Genauigkeit als Referenz an der ersten Messposition in die theoretische CRB eingetragen (Abbildung 3.15). Bei einer Änderung des SNRs um 15 dB wird sich laut CRB die Genauigkeit bei der Frequenzauswertung um 14 µm auf 3 µm und bei der Phasenauswertung um 2,8 µm auf 600 nm ändern. Diese Werte stimmen sehr gut mit den Messwerten überein (Tabelle 3.1).

Damit kann die CRB eingesetzt werden, um Genauigkeiten vorherzusagen, wenn die Änderung des SNRs bekannt ist und die Genauigkeit an einer Entfernung gemessen wurde. Beispielsweise kann dieser Zusammenhang verwendet

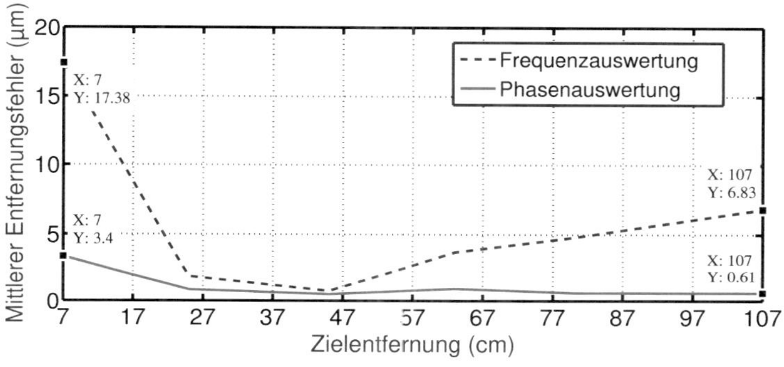

Abbildung 3.14: Gemessene Genauigkeit einer 7×7 cm^2 großen Platte an unterschiedlichen Entfernungen [3], 25 GHz Bandbreite, 80 GHz FMCW-Radar.

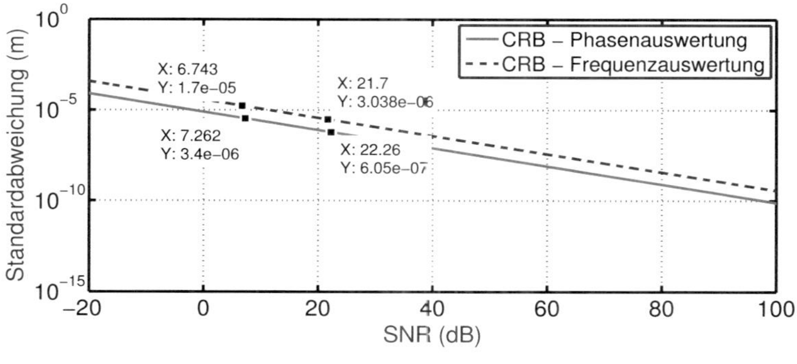

Abbildung 3.15: Vorhersage der Genauigkeit in Freiraummessungen mittels CRB [3], 25 GHz Bandbreite, 80 GHz FMCW-Radar.

Δ SNR	CRB ΔFreq.	Gemessene ΔFreq.	CRB ΔPhase	Gemessene ΔPhase
15 dB	14 µm	11 µm	2,8 µm	2,8 µm

Tabelle 3.1: Vorhersage der Genauigkeitsänderung durch die CRB bei SNR Änderungen, 80 GHz FMCW-Radar.

werden, um ein Ziel und entsprechend das SNR zu verkleinern oder zu vergrößern, wenn eine bestimmte Genauigkeit erreicht werden soll oder für kleinere Ziele noch ausreichend ist. Der Zusammenhang zwischen RCS, SNR und Genauigkeit vor dem Fernfeld der Antenne wird in Abschnitt 3.4 analysiert.

3.2 Phasenrauschen und Störungen der Frequenzrampe

Die Anwendung der CRB setzt voraus, dass das FMCW-Radar hauptsächlich durch weißes Rauschen gestört wird. Daher ist es notwendig zu untersuchen, ob Phasenrauschen und Störungen der Frequenzrampe die Genauigkeit der Messung signifikant beeinflussen können und ob eine separate Berücksichtigung dieser Störungen notwendig ist, da diese (eventuell noch) nicht von der CRB erfasst werden.

3.2.1 Phasenrauschen

Phasenrauschen beschreibt die kurzzeitigen Schwankungen von der idealen Phase eines Oszillators. Ein idealer Oszillator besitzt ein Amplitudenmaximum bei seiner Resonanzfrequenz (Trägerfrequenz). Im Vergleich dazu schwankt ein realer Oszillator um diese Resonanzfrequenz. Die generierte Rauschleistung wird dabei in dBc/Hz angegeben. Sie wird berechnet innerhalb einer Messbandbreite von 1 Hz und in einem bestimmten Frequenzabstand f_{m} (Offset) zur Trägerfrequenz und wird auf die Trägerleistung bezogen. Schmalbandiges Phasenrauschen befindet sich in der Nähe des Trägers und besitzt die größte Rauschenergie. Weiter entfernt von der Trägerfrequenz beginnt das breitbandige Phasenrauschen mit geringerer Rauschleistung. Direkt in der Nähe des Trägers tritt mehrfach umgesetztes Rauschen auf, das mit $1/f^4$ pro Dekade abnimmt. Danach fällt es nacheinander mit $1/f^3$ und $1/f^2$ pro Dekade ab, was nach [84] durch Phasen-Frequenz-Umwandlungsprozesse verursacht wird. Der letzte Abschnitt mit $1/f$ pro Dekade entsteht durch Ladungsträgerrekombination und wird Funkelrauschen genannt. Anschließend geht das Phasenrauschen in das thermische, weiße Rauschen über, welches unabhängig von der Frequenz ist.

Der hauptsächlich vorgesehene Einsatz des Radars ist innerhalb von Maschinen als Abstandssensor. Daher sind die Messdistanzen kleiner als 5 m, wodurch sich das Phasenrauschen durch die Kohärenz des Sende- und Empfangssignals bei der Abwärtsmischung im FMCW-Radar größtenteils selbst auslöscht [24]. Nach [85] kann das verbleibende Einseitenbandphasenrauschspektrum $\mathcal{L}_{\mathrm{SSB,ZF}}$ im Basisband durch

$$\mathcal{L}_{\mathrm{SSB,ZF}}(f_{\mathrm{m}}, r) = \mathcal{L}_{\mathrm{SSB,HF}}(f_{\mathrm{m}}) + 20\log_{10}\left(2\sin\left(\frac{2\pi r f_{\mathrm{m}}}{c_0}\right)\right) \tag{3.28}$$

beschrieben werden. $\mathcal{L}_{\mathrm{SSB,ZF}}(f_{\mathrm{m}}, r)$ hängt somit vom Einseitenbandphasenrauschspektrum des Hochfrequenzsignals $\mathcal{L}_{\mathrm{SSB,HF}}(f_{\mathrm{m}})$ und dem Abstand r zum Ziel ab, wodurch es möglich ist, die Leistung des Phasenrauschens an jeder Entfernung zu berechnen. Über den Effektivwert und unter Berücksichtigung der Empfängerbandbreite B_{ZF} kann das Phasenrauschen direkt mit dem SNR verknüpft werden [17]

$$\eta = \frac{1}{2\int_{0\,\mathrm{Hz}}^{B_{\mathrm{ZF}}} 10^{\frac{\mathcal{L}_{\mathrm{SSB,ZF}}(f_{\mathrm{m}}, r)}{10}}\, df_{\mathrm{m}}} \quad . \tag{3.29}$$

Durch den direkten Zusammenhang zwischen Phasenrauschen und SNR ist es wieder möglich, die CRB zur Vorhersage der zu erwartenden Genauigkeit zu verwenden. Hinsichtlich der Beeinflussung der Genauigkeit durch das Phasenrauschen ist keine eigene Betrachtung erforderlich. Zur Optimierung der Hardware des Radarsystems kann es jedoch notwendig sein, zwischen einer Begrenzung des SNRs durch Phasenrauschen oder durch thermisches Rauschen zu unterscheiden [8].

3.2.2 Störungen der Frequenzrampe

Im Wesentlichen gibt es zwei Arten von Störungen der Frequenzrampe: zufällige und deterministische Störungen. Der Einfluss von Rauschen führt zu zufälligen Frequenzabweichungen der Frequenzrampe. Diese Frequenzabweichungen beeinflussen direkt die Phase des Radarsignals und können daher als Phasenrauschen aufgefasst werden [8]. Wie zuvor gezeigt, beeinflusst das Phasenrauschen das SNR des Radarsystems und wird von der CRB abgedeckt. Eine gesonderte Behandlung zufälliger Frequenzabweichungen der Frequenzrampe ist folglich nicht notwendig.

Bei der zweiten Art von Störungen der Frequenzrampe handelt es sich um deterministische Störungen. Durch eine schlechte Regelung der Frequenzrampe können quadratische Störungen entstehen. Da alle in dieser Arbeit eingesetzten Radare über eine Regelung der Frequenzrampe durch eine PLL verfügen, können diese Nichtlinearitäten allerdings vernachlässigt werden [8]. Periodische Störungen können z.B. durch Schaltnetzteile oder Einschwingvorgänge der PLL verursacht werden. In [8] wird gezeigt, dass eine starke periodische Störung des Referenzsignals die Genauigkeit des Gesamtsystems beeinflussen kann. Die periodische Störung wird in diesem Fall künstlich erzeugt und der Einfluss auf die Genauigkeit über Besselfunktionen (Frequenzmodulation) abgeleitet. Im Allgemeinen wird diese Art der Störung des Referenzsignals beispielsweise durch Netzfilter, den Einsatz eines Low-Drop-Spannungsregler (LDO) [54] und den Einsatz von Glättungskondensatoren ausreichend unterdrückt, so dass die Genauigkeit des Radarsystems nicht beeinflusst wird.

3.3 Doppler-Einfluss auf Frequenz und Phase des Zwischenfrequenzsignals

Bisher wurde davon ausgegangen, dass die Radarmessungen im Ruhezustand bzw. statisch durchgeführt werden. In Werkzeugmaschinen und Positioniersystemen der Industrie können jedoch hohe Beschleunigungen (6 g) und Geschwindigkeiten (48 km/h) auf kurzen Distanzen durch den Einsatz von Linearmotoren erreicht werden, die zur optimalen Steuerung genaue Entfernungsmessungen im Mikrometerbereich benötigen. Bei dynamischen Radarmessungen wird die ZF somit durch den Doppler-Effekt verfälscht. Obwohl allgemein bekannt ist, wie in einem FMCW-Radar der Doppler-Effekt der Frequenz kompensiert werden kann, ist nicht geklärt, inwieweit sich eine Doppler-Verschiebung auf die Phase des ZF-Signals auswirkt. Des Weiteren können bereits kleine Abweichungen in der Bestimmung der Frequenz und der Phase zu großen Fehlern führen, wenn Genauigkeiten im Mikrometerbereich notwendig sind.

Zur Untersuchung des Doppler-Effekts wird folgendermaßen vorgegangen: Zunächst wird die theoretische Berechnung des Doppler-Einflusses auf Frequenz und insbesondere Phase des FMCW-Radars durchgeführt. Anschließend erfolgt die Verifikation der theoretischen Analyse auf einer Maschine, die über einen hochpräzisen Linearmotor verfügt, der mit Geschwindigkeiten von bis zu 5 m/s und Beschleunigungen von bis zu 30 m/s^2 variiert werden kann.

3.3.1 Berechnung der Frequenz und der Phase des Zwischenfrequenzsignals für dynamische Ziele

Wenn sich ein Radarziel während der Messung mit einer Geschwindigkeit v bewegt, tritt eine Frequenzverschiebung auf, die durch den Doppler-Effekt verursacht wird. Das Radar wird hierbei als stationär angenommen. Daraus folgt, dass durch den Doppler-Effekt die Laufzeit τ zeitabhängig wird:

$$\tilde{\tau}(t) = \tau - \frac{2v}{c_0}t \quad . \tag{3.30}$$

Um den Einfluss der geänderten, zeitabhängigen Laufzeit $\tilde{\tau}(t)$ auf die Phase des ZF-Signals zu bestimmen, ist es notwendig, die Gleichungen (2.7), (2.8) sowie die nachfolgenden Gleichungen erneut zu berechnen. Zur besseren Übersicht werden die ZF-Signale der Aufwärts- und der Abwärtsrampe getrennt berechnet. Alle Signale, die vom Doppler-Effekt betroffen sind, werden im Nachfolgenden zur Unterscheidung von statischen Reflexionen mit einer Tilde über der Variablen gekennzeichnet.

Aufwärtsrampe, dynamisches Ziel

Im dynamischen Fall wird das ZF-Signal der Aufwärtsrampe berechnet, indem das Empfangssignal aus (2.7) so geändert wird, dass die neue Laufzeit (3.30) berücksichtigt wird:

$$\begin{aligned}\tilde{f}_{\mathrm{rx,up}} &= \frac{B}{T}(t - \tilde{\tau}(t)) + f_{\mathrm{min}} \\ &= \frac{B}{T}\left(t - \left(\tau - \frac{2v}{c_0}t\right)\right) + f_{\mathrm{min}} \\ &= \frac{B}{T}t - \frac{B}{T}\tau + \frac{2v}{c_0}\frac{B}{T}t + f_{\mathrm{min}} \quad .\end{aligned} \tag{3.31}$$

Um das Argument des ZF-Signals zu bestimmen, wird das Integral der Empfangsfrequenz mit der neuen unteren Integralgrenze $\tilde{\tau}(t)$ berechnet:

$$\begin{aligned}\tilde{\Phi}_{\mathrm{rx,up}}(t) =& 2\pi \int\limits_{\tilde{\tau}(t)}^{t} \left(\frac{B}{T}t' - \frac{B}{T}\tau + \frac{2v}{c_0}\frac{B}{T}t' + f_{\mathrm{min}}\right) dt' \\ =& \underbrace{2\pi \left[\frac{B}{2T}t^2 - \frac{B}{T}\tau t + \frac{v}{c_0}\frac{B}{T}t^2 + f_{\mathrm{min}} t\right]}_{\text{(A):obere Grenze}} \\ & - 2\pi \left[\frac{B}{2T}\tilde{\tau}(t)^2 - \frac{B}{T}\tau\tilde{\tau}(t)\right. \\ & \underbrace{\left. + \frac{v}{c_0}\frac{B}{T}\tilde{\tau}(t)^2 + f_{\mathrm{min}}\tilde{\tau}(t)\right]}_{\text{(B):untere Grenze}} \quad .\end{aligned} \tag{3.32}$$

Die untere Grenze des Integrals (Term B) wird zunächst separat betrachtet. Des Weiteren wird $\tilde{\tau}(t)$ durch $\tau - \frac{2v}{c_0}t$ ersetzt:

$$\begin{aligned}(B) =& \frac{B}{2T}\left(\tau - \frac{2v}{c_0}t\right)^2 - \frac{B}{T}\tau\left(\tau - \frac{2v}{c_0}t\right) \\ & + \frac{v}{c_0}\frac{B}{T}\left(\tau - \frac{2v}{c_0}t\right)^2 + f_{\mathrm{min}}\left(\tau - \frac{2v}{c_0}t\right) \quad .\end{aligned} \tag{3.33}$$

Mit

$$\tilde{\tau}(t)^2 = \left(\tau - \frac{2v}{c_0}t\right)^2 = \tau^2 - \frac{4v}{c_0}\tau t + \frac{4v^2}{c_0^2}t^2 \tag{3.34}$$

folgt

$$\begin{aligned}(B) =& \frac{B}{2T}\tau^2 - \frac{B}{2T}\frac{4v}{c_0}\tau t + \frac{B}{T}\frac{2v^2}{c_0^2}t^2 \\ & - \frac{B}{T}\tau^2 + \frac{B}{T}\tau\frac{2v}{c_0}t + \frac{v}{c_0}\frac{B}{T}\tau^2 \\ & - \frac{B}{T}\frac{4v^2}{c_0^2}\tau t + \frac{B}{T}\frac{4v^3}{c_0^3}t^2 \\ & + f_{\mathrm{min}}\tau - f_{\mathrm{min}}\frac{2v}{c_0}t \quad .\end{aligned} \tag{3.35}$$

Unter der Voraussetzung, dass c_0 sehr viel größer als v ist, gehen die Terme v^2/c_0^2 und v^3/c_0^3 gegen Null. Aus dem gleichen Grund werden im Folgenden die Terme, die τ^2 beinhalten, vernachlässigt und (3.35) vereinfacht sich zu:

$$(B) = f_{\min}\tau - f_{\min}\frac{2v}{c_0}t \quad . \tag{3.36}$$

Durch die Vereinfachung von (3.33), ändert sich (3.32) zu

$$\begin{aligned}\tilde{\Phi}_{\mathrm{rx,up}}(t) =& 2\pi\left[\left(\frac{B}{2T}+\frac{v}{c_0}\frac{B}{T}\right)t^2\right.\\ &+\left(-\frac{B}{T}\tau+f_{\min}\frac{2v}{c_0}+f_{\min}\right)t\\ &\left.-f_{\min}\tau\right] \quad .\end{aligned} \tag{3.37}$$

Das Argument des ZF-Signals $\tilde{\Phi}_{\mathrm{ZF,up}}$ wird durch die Differenz von (3.37) und (2.5)

$$\Phi_{\mathrm{tx,up}}(t) = 2\pi t\left(\frac{B}{2T}t+f_{\min}\right)$$

bestimmt:

$$\begin{aligned}\tilde{\Phi}_{\mathrm{ZF,up}}(t) =& 2\pi\left[\left(\frac{B}{2T}t^2+f_{\min}t\right)\right.\\ &-\left[\left(\frac{B}{2T}+\frac{v}{c_0}\frac{B}{T}\right)t^2\right.\\ &+\left(-\frac{B}{T}\tau+f_{\min}\frac{2v}{c_0}+f_{\min}\right)t\\ &\left.\left.-f_{\min}\tau\right]\right]\\ =& 2\pi\left[\left(-\frac{v}{c_0}\frac{B}{T}\right)t^2+\left(\frac{B}{T}\tau-f_{\min}\frac{2v}{c_0}\right)t\right.\\ &\left.+f_{\min}\tau\right]\\ \approx& 2\pi\left[\left(\frac{B}{T}\tau-f_{\min}\frac{2v}{c_0}\right)t+f_{\min}\tau\right] .\end{aligned} \tag{3.38}$$

Durch einen Vergleich von (3.38) und (2.9)

$$\Phi_{\mathrm{ZF,up}}(t) = 2\pi\left(\frac{B}{T}\tau t - \frac{B}{2T}\tau^2 + f_{\min}\tau\right)$$

wird offensichtlich, dass die Phase des ZF-Signals nicht direkt durch den Doppler-Effekt beeinflusst wird.

Abwärtsrampe, dynamisches Ziel

Für die Berechnungen der Abwärtsrampe im dynamischen Fall wird analog zur Berechnung der Aufwärtsrampe im dynamischen Fall vorgegangen. Das Empfangssignal wird durch die Laufzeit $\tilde{\tau}(t)$ zu

$$\tilde{f}_{\mathrm{rx,down}} = -\frac{B}{T}t + \frac{B}{T}\tau - \frac{B}{T}\frac{2v}{c_0}t + f_{\max} \tag{3.39}$$

geändert. Dadurch ändert sich das Argument des ZF-Signals der Abwärtsrampe dementsprechend:

$$\begin{aligned}\tilde{\Phi}_{\mathrm{rx,down}}(t) =& 2\pi\Bigg[\underbrace{\left(-\frac{B}{2T}t^2 + \frac{B}{T}\tau t - \frac{B}{T}\frac{v}{c_0}t^2 + f_{\max}t\right)}_{\text{(C):untere Grenze}} \\ & \underbrace{-\left(-\frac{B}{2T}\tilde{\tau}(t)^2 + \frac{B}{T}\tau\tilde{\tau}(t) - \frac{B}{T}\frac{v}{c_0}\tilde{\tau}(t)^2 + f_{\max}\tilde{\tau}(t)\right)\Bigg]}_{\text{(D):obere Grenze}} \quad .\end{aligned} \tag{3.40}$$

Unter den gleichen Annahmen wie bei (3.35), ergibt sich für Term (D):

$$(D) = f_{\max}\tau - f_{\max}\frac{2v}{c_0}t \quad . \tag{3.41}$$

Damit berechnet sich $\tilde{\Phi}_{\mathrm{rx,down}}(t)$ zu

$$\begin{aligned}\tilde{\Phi}_{\mathrm{rx,down}}(t) =& 2\pi \left[\left(-\frac{B}{2T} - \frac{v}{c_0}\frac{B}{T} \right) t^2 \right. \\ & + \left(\frac{B}{T}\tau + f_{\max}\frac{2v}{c_0} + f_{\max} \right) t \\ & \left. - f_{\max}\tau \right] \quad .\end{aligned} \tag{3.42}$$

$\tilde{\Phi}_{\mathrm{ZF,down}}$ wird über die Differenz von (3.42) und (2.6)

$$\Phi_{\mathrm{tx,down}}(t) = 2\pi t \left(-\frac{B}{2T} t + f_{\max} \right)$$

berechnet:

$$\begin{aligned}\tilde{\Phi}_{\mathrm{ZF,down}}(t) =& 2\pi \left[\left(\frac{v}{c_0}\frac{B}{T} \right) t^2 - \left(\frac{B}{T}\tau + f_{\max}\frac{2v}{c_0} \right) t \right. \\ & \left. + f_{\max}\tau \right] \\ \approx & 2\pi \left[- \left(\frac{B}{T}\tau + f_{\max}\frac{2v}{c_0} \right) t + f_{\max}\tau \right] .\end{aligned} \tag{3.43}$$

Erneut zeigt sich, dass die Phase von (3.43) nicht durch den Doppler-Effekt verfälscht wird und der gleiche Wert für die Phase wie in (2.10)

$$\Phi_{\mathrm{ZF,down}}(t) = 2\pi \left(-\frac{B}{T}\tau t - \frac{B}{2T}\tau^2 + f_{\max}\tau \right)$$

resultiert.

Berechnung der Doppler-Frequenz und Kompensation der Doppler-Verschiebung

Aus den Berechnung der Ableitungen von (3.38) und (3.43) resultieren die durch den Doppler-Effekt beeinflussten Zwischenfrequenzen $\tilde{f}_{\mathrm{ZF,up}}$ und $\tilde{f}_{\mathrm{ZF,down}}$:

$$\begin{aligned}\tilde{f}_{\mathrm{ZF,up}} &= \frac{1}{2\pi}\frac{d}{dt}\tilde{\Phi}_{\mathrm{ZF,up}}(t) \\ &= \frac{B}{T}\tau - f_{\min}\frac{2v}{c_0} \quad ,\end{aligned} \tag{3.44}$$

$$\begin{aligned}\tilde{f}_{\mathrm{ZF,down}} &= \frac{1}{2\pi}\frac{d}{dt}\tilde{\Phi}_{\mathrm{ZF,down}}(t)\\ &= -\frac{B}{T}\tau - f_{\max}\frac{2v}{c_0} \quad .\end{aligned} \tag{3.45}$$

Die Kompensation der Doppler-Verschiebung und der Dopplerfrequenz f_{D} wird im Allgemeinen über folgende Gleichungen durchgeführt:

$$\begin{aligned}2f_{\mathrm{ZF}} &= |(f_{\mathrm{ZF}} - f_{\mathrm{D}}) - (-f_{\mathrm{ZF}} - f_{\mathrm{D}})|\\ 2f_{\mathrm{ZF}} &= |\tilde{f}_{\mathrm{ZF,up}} - \tilde{f}_{\mathrm{ZF,down}}| \quad ,\end{aligned} \tag{3.46}$$

$$\begin{aligned}2f_{\mathrm{D}} &= |(f_{\mathrm{ZF}} - f_{\mathrm{D}}) + (-f_{\mathrm{ZF}} - f_{\mathrm{D}})|\\ 2f_{\mathrm{D}} &= |\tilde{f}_{\mathrm{ZF,up}} + \tilde{f}_{\mathrm{ZF,down}}| \quad .\end{aligned} \tag{3.47}$$

(3.47) wird verwendet um die Doppler-Frequenz mit Hilfe von (3.44) und (3.45) zu bestimmen. Die nachfolgende Gleichung wird über die Mittenfrequenz f_{c} direkt weiter vereinfacht, indem $f_{\min}$ durch $\left(f_c - \frac{B}{2}\right)$ ersetzt wird und $f_{\max}$ durch $\left(f_c + \frac{B}{2}\right)$:

$$\begin{aligned}2f_{\mathrm{D}} &= \left|\left(\frac{B}{T}\tau - f_{\min}\frac{2v}{c_0}\right) - \left(\frac{B}{T}\tau + f_{\max}\frac{2v}{c_0}\right)\right|\\ &= \left|-\frac{2v}{c_0}\left(f_{\min} + f_{\max}\right)\right|\\ &= \frac{4v}{c_0}f_c \quad .\end{aligned} \tag{3.48}$$

Mit (3.48) ist es möglich, die Geschwindigkeit v des Radarziels zu berechnen. Die ZF wird berechnet, indem (3.44) und (3.45) in (3.46) eingesetzt werden:

$$\begin{aligned}2f_{\mathrm{ZF}} &= \left|\left(\frac{B}{T}\tau - f_{\min}\frac{2v}{c_0}\right) + \left(\frac{B}{T}\tau + f_{\max}\frac{2v}{c_0}\right)\right|\\ &= \left|\frac{2B}{T}\tau + \frac{2v}{c_0}\left(f_{\max} - f_{\min}\right)\right| \quad .\end{aligned} \tag{3.49}$$

Aus der Definition der Bandbreite $B = f_{\max} - f_{\min}$ folgt:

$$f_{\mathrm{ZF}} = \left|\frac{B}{T}\tau + \frac{v}{c_0}B\right| \quad . \tag{3.50}$$

Der Fehlerterm

$$f_{\mathrm{e,D}} = \frac{v}{c_0} B \tag{3.51}$$

führt zu einem Fehler bei der Entfernungsmessung, wenn die Geschwindigkeit nicht berechnet wird oder als Null angenommen wird. Um eine Einschätzung der Auswirkungen des Fehlerterms $f_{\mathrm{e,D}}$ zu erhalten, wird der Einfluss des Entfernungsfehlers für das in der Messung zur Verifikation eingesetzte 61 GHz FMCW-Radar (Abschnitt 2.2.2) abgeschätzt: Bei einer Geschwindigkeit von $v = 1$ m/s, einer Bandbreite von $B = 4$ GHz , einem Zielabstand von $r = 1$ m und einer Rampendauer von $T = 1$ ms, ergibt sich eine ZF von

$$f_{\mathrm{ZF}} = \frac{B}{T} \frac{2r}{c_0} \approx 26,7 \text{ kHz} \tag{3.52}$$

und der zugehörige Fehlerterm beträgt

$$f_{\mathrm{e,D}} = \frac{v}{c_0} B \approx 13,3 \text{ Hz} \quad . \tag{3.53}$$

Dieser Fehler führt bei der Frequenzauswertung zu einem Entfernungsfehler von etwa 500 µm. Der Entfernungsfehler der Phasenauswertung der Aufwärtsrampe kann mit (3.20) und $T \approx (N-1)/f_{\mathrm{s}}$ über

$$r_{\mathrm{e,D}}(f_{\mathrm{e,D}}) = \frac{f_{\mathrm{e,D}} T c_0}{4 f_{\mathrm{min}}} \tag{3.54}$$

auf etwa 17 µm abgeschätzt werden. Da die Genauigkeit des 61 GHz FMCW-Radars einen ähnlichen Wert aufweist (Abbildung 3.22), ist es notwendig, den Fehlerterm zu korrigieren. Daher wird für die Berechnung der Entfernung einschließlich der Phasenauswertung und zur Kompensation des Dopplers, folgender Algorithmus eingesetzt:

(i) $\tilde{f}_{\mathrm{ZF,up}}$ und $\tilde{f}_{\mathrm{ZF,down}}$ werden mit einem Algorithmus zur Schätzung der Frequenz (z.B. dem CZT-Algorithmus) aus den in der Messung aufgenommenen ZF-Signalen ermittelt.

(ii) Da die Phasen der Aufwärts- und Abwärtsrampen nicht durch den Doppler-Effekt beeinflusst werden, können die Phasen direkt aus den gemessenen ZF-Signalen (3.38) und (3.43) mit $\tilde{f}_{\mathrm{ZF,up}}$ und $\tilde{f}_{\mathrm{ZF,down}}$ geschätzt werden.

(iii) f_{D} wird mit (3.47) berechnet.

(iv) v wird aus (3.48) ermittelt.

(v) f_{ZF} wird mit (3.44) oder (3.45) und der vorher bestimmten Geschwindigkeit v berechnet.

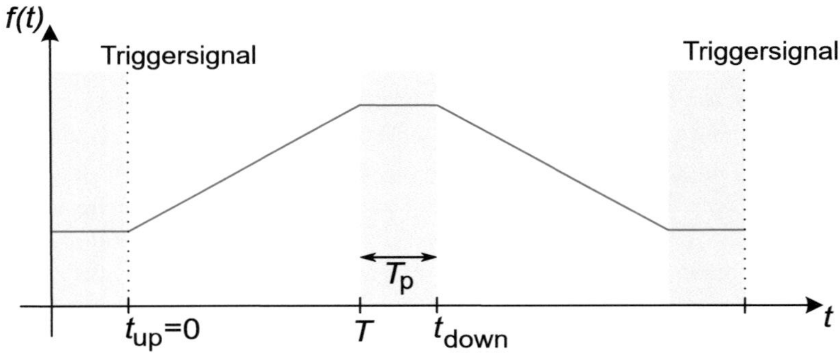

Abbildung 3.16: Zeitliche Messverzögerung zwischen der Aufwärts- und der Abwärtsrampe.

Kompensation der Messverzögerung der Abwärtsrampe

Der allgemeine, zeitliche Ablauf der Messungen ist in Abbildung 3.16 dargestellt. Die Messung der Aufwärtsrampe wird zeitgleich mit der Referenzmessung zum Zeitpunkt $t_{\mathrm{up}}= 0$ gestartet und die Abwärtsrampe wird, gegenüber der Referenzmessung verzögert, zum Zeitpunkt $t_{\mathrm{down}}= T + T_{\mathrm{p}}$ gemessen. Die Abschnitte mit konstanter Frequenz und der Zeitdauer T_{p} zwischen den Rampen sind notwendig, um Einschwingvorgänge der PLL zu berücksichtigen. Wie in Abschnitt 2.1.1 gezeigt, ist die Phase des ZF-Signals direkt von der Startfrequenz der Frequenzrampe abhängig. Allerdings bewegt sich das Radarziel während der Zeit t_{down}, so dass ein Phasenunterschied in der dynamischen Messung entsteht, der zu einem Messfehler im Vergleich mit der Referenzmessung führt. Dieser Phasenunterschied kann nicht vernachlässigt werden und eine Kompensation ist notwendig, was durch ein Beispiel verdeutlicht wird:
Eine Geschwindigkeit v eines Ziels von 1 m/s, eine Rampendauer T von 1 ms und ein konstanter Abschnitt T_{p} von 0,1 ms führen zu einer Entfernungsabweichung von $\Delta r = 1{,}1$ mm. Die entsprechende Phasenabweichung beträgt in diesem Fall bei einer Frequenz von 63 GHz

$$\Delta\varphi_{\mathrm{down}} = \frac{4\pi\Delta r f_{\mathrm{max}}}{c_0} \approx 166,7^\circ \quad . \tag{3.55}$$

Die Phase der Abwärtsrampe wird folglich in Abhängigkeit der Geschwindigkeit v kontinuierlich verschoben. Wenn die Geschwindigkeit korrekt bestimmt

Mittenfrequenz	61 GHz
Bandbreite	4.0 GHz (59 GHz - 63 GHz)
Rampendauer	1 ms
Abtastrate	5 MSa/s
Max. Geschwindigkeit	5 m/s
Max. Beschleunigung	30 m/s^2

Tabelle 3.2: FMCW-Radar- und Messsystemeigenschaften.

wird durch (3.47) und (3.48), kann eine korrigierte Phase φ_{korr} berechnet werden und die Phasenverschiebung kompensiert werden:

$$\varphi_{\text{korr,down}} = \varphi_{\text{down}} - \Delta\varphi_{\text{down}} \quad . \tag{3.56}$$

3.3.2 Messtechnische Verifikation der Doppler-Analyse

Das in Abschnitt 2.2.2 vorgestellte 61 GHz FMCW-Radar wird für die messtechnische Verifikation verwendet. Für die Messungen wird das Radar mit den Einstellungen nach Tabelle 3.2 betrieben. Die im Gegensatz zum ISM-Band vergrößerte Bandbreite kann im Bereich von 57 GHz bis 64 GHz mit einigen Einschränkungen auch ohne Lizenz verwendet werden [1]. Der Messaufbau, der aus dem Radar und einem Linearmotor (LTSE165-3280-2K-MS2 von SKF GmbH) besteht, ist in Abbildung 3.17 gezeigt. Durch den Linearmotor kann das Ziel auf einer Wegstrecke von 3 m auf eine maximale Geschwindigkeit von 5 m/s beschleunigt und wieder abgebremst werden. Als Ziel wird ein Winkelreflektor mit einer Seitenlänge von 14 cm verwendet. Durch den hohen Antennengewinn der Linsenantenne von 29 dBi und den niedrigen Nebenkeulen [71] sowie dem großen Winkelreflektor wird ein Einziel-Szenario gewährleistet und Mehrwegeausbreitung wird vermieden. Als Referenzmesssystem wird ein induktives Messprinzip (LMKF-122.4 von AMO GmbH) verwendet, das eine Genauigkeit von 1 µm besitzt. Abbildung 3.18 zeigt ein Blockdiagramm des Messsystems. Der eingesetzte FPGA (Xilinx Virtex 5) wird benutzt, um eine gleichzeitige Messung der Referenz und des Radars zu ermöglichen. Des Weiteren steuert der FPGA den Frequenzverlauf der erzeugten Rampen über die DDS und wird als Schnittstelle zum PC verwendet. Um systematische Messfehler zu

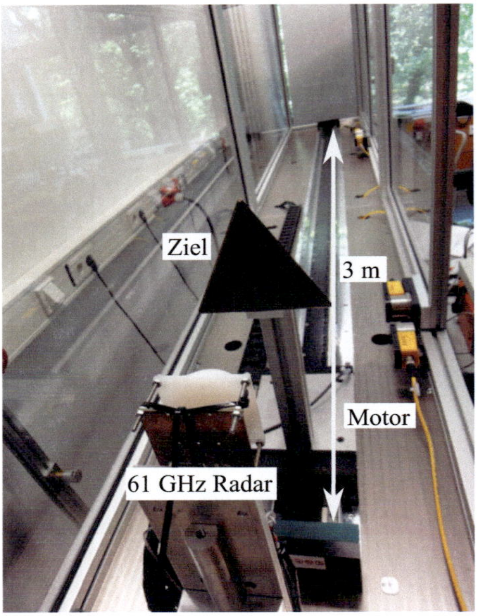

Abbildung 3.17: 61 GHz FMCW-Radar und Linearmotor der Firma Schnaithmann Maschinenbau GmbH.

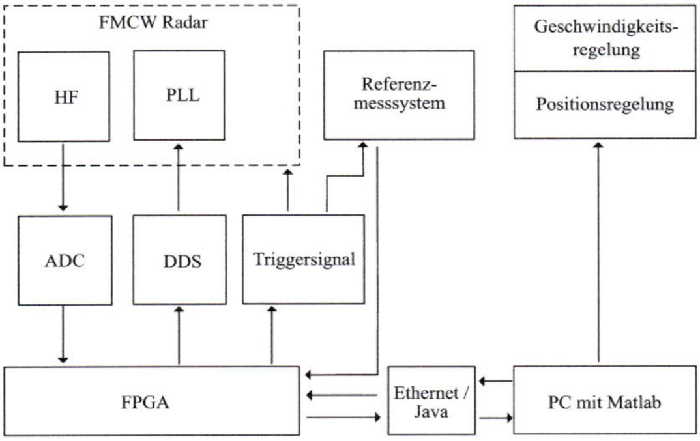

Abbildung 3.18: Blockdiagramm des Messsystems zur Analyse des Doppler-Einflusses auf die Messgenauigkeit.

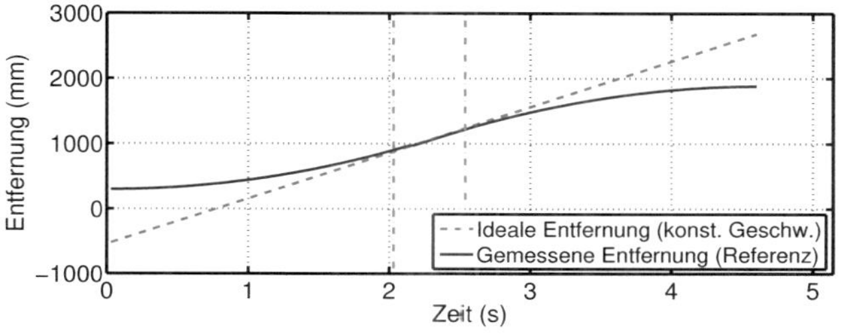

Abbildung 3.19: Beschleunigung und Abbremsvorgang des Linearmotors. Der Bereich in dem die Geschwindigkeit (500 mm/s) konstant ist, ist durch die vertikalen Linien angedeutet.

vermeiden, die durch die Beschleunigung und den Abbremsvorgang des Motors verursacht werden, wird sichergestellt, dass alle Messungen durchgeführt werden, wenn die eingestellte Geschwindigkeit konstant ist (Abbildung 3.19). Deshalb beschränkt sich der Messbereich, in dem ein Vergleich aller Geschwindigkeiten über die gleiche Strecke möglich ist, auf 50 mm (900 mm bis 950 mm). In Abbildung 3.20 sind die Unterschiede zwischen gemessener und eingestellter Geschwindigkeit für Geschwindigkeiten zwischen 50 mm/s und 1000 mm/s in 50 mm/s Schritten gezeigt. Der mittlere gemessene Geschwindigkeitsfehler ist 16,7 mm/s.

Zur Bewertung des Einflusses des Doppler-Effekts auf die Entfernungsmessungen werden die dynamischen Messungen mit den statischen Messungen verglichen. Dazu wird nach jedem dynamischen Messdurchgang ein weiterer statischer Messdurchgang mit den gleichen Messpunkten durchgeführt. Abbildung 3.21 zeigt den Phasenfehler zwischen statischer und dynamischer Messung mit und ohne Fehlerkorrektur nach (3.55) und (3.56) für Abwärtsrampen, wenn die Doppler-Kompensation bereits erfolgt ist.

Für die Fehlerkorrektur werden die Geschwindigkeiten mit (3.48) bestimmt. Bei einer Geschwindigkeit von 250 mm/s tritt ohne die Korrektur ein maximaler Phasenfehler von etwa 38° auf, der einem Entfernungsfehler von 251 µm entspricht. Nach der Korrektur ist dieser Fehler auf etwa 16,5 µm (2,5°) reduziert. Dieser verbleibende Fehler befindet sich im Rahmen der Messgenauigkeit des eingesetzten Radars. Wie Abbildung 3.21 zu entnehmen ist, kann der Phasenfehler für andere Geschwindigkeiten mit dem gleichen Verfahren ebenfalls reduziert werden.

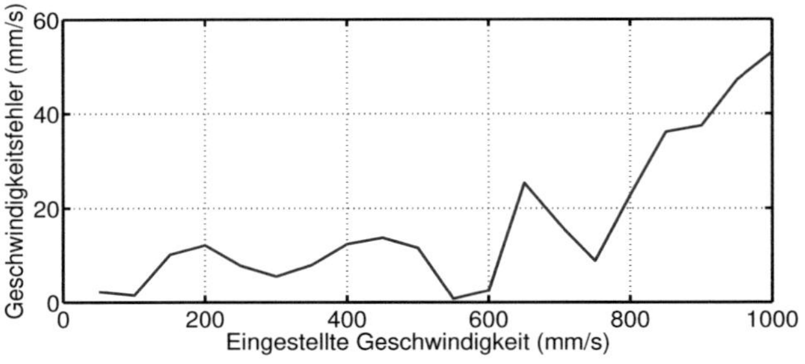

Abbildung 3.20: Unterschiede zwischen gemessener und eingestellter Geschwindigkeit, 61 GHz FMCW-Radar.

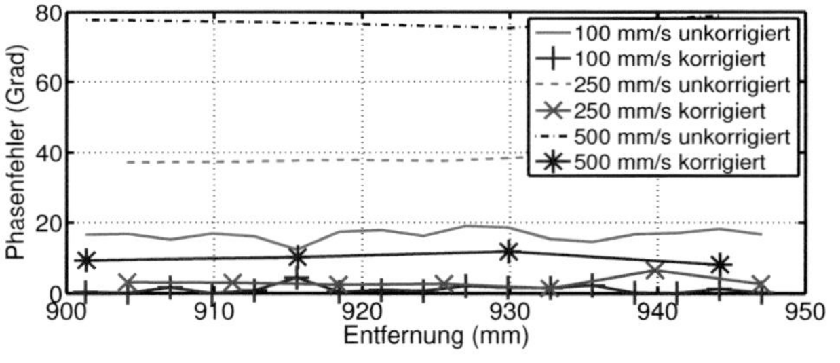

Abbildung 3.21: Phasenfehler für statische Messungen und dynamische Messungen mit unterschiedlichen Geschwindigkeiten, wenn die Abwärtsrampe ausgewertet und die Fehlerkorrektur nach (3.55) durchgeführt wird. 61 GHz FMCW-Radar.

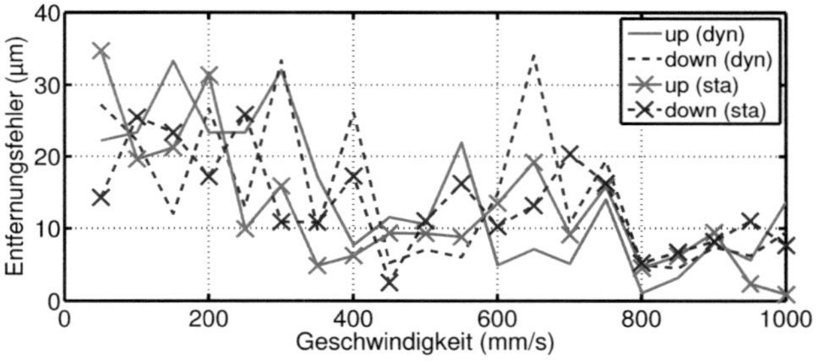

Abbildung 3.22: Mittelwert des Betrags des Entfernungsfehlers für Geschwindigkeiten zwischen 50 mm/s und 1000 mm/s für eine Strecke von 50 mm. Zum Vergleich sind die statischen Messungen auch eingezeichnet. 61 GHz FMCW-Radar.

Wenn die Doppler-Verschiebung der Frequenz kompensiert wird und die systematischen Phasenfehler korrigiert sind, kann die zusätzliche Phasenauswertung des FMCW-Radars erfolgen und ein Vergleich zwischen statischer und dynamischer Messung durchgeführt werden. Abbildung 3.22 zeigt den Mittelwert des Betrags des Entfernungsfehlers für Geschwindigkeiten zwischen 50 mm/s und 1000 mm/s auf einer Strecke von 50 mm.
Die Fehlerabnahme für steigende Geschwindigkeiten wird dadurch verursacht, dass eine geringere Anzahl von Messpunkten im gleichen Messbereich im Vergleich zu niedrigeren Geschwindigkeiten zur Verfügung steht. Dadurch erfolgt eine Reduzierung der Messstrecke und der möglichen Fehler in der Entfernungsmessung.
Wie von der theoretischen Ableitung vorhergesagt, wird durch den Doppler-Effekt kein zusätzlicher Phasenfehler verursacht und die dynamischen Messungen weisen eine ähnliche Genauigkeit wie die statischen Messungen auf. Die mittlere Genauigkeit der gemessenen Geschwindigkeiten beträgt 16,7 mm/s und der mittlere Fehler der dynamischen Messungen beträgt 14 µm.

3.4 Ziel- und Umgebungseinflüsse auf die Genauigkeit des FMCW-Radars

Außer den Radareigenschaften haben insbesondere das Radarziel und die Zielumgebung einen großen Einfluss auf die erzielbare Genauigkeit in Messungen. Bei der Optimierung der Ziele wird zwischen Zielen für Hohlleitermessungen und Zielen für Freiraummessungen unterschieden. In Hohlleitern wird das Radarziel dahingehend optimiert, dass ein maximaler Anteil des Signals reflektiert wird. Im Idealfall wird dies durch einen Leerlauf oder Kurzschluss umgesetzt. Da ein sich bewegender Leerlauf schlecht realisierbar ist, wird in Hohlleitern ein Kurzschluss verwendet, z.B. ein Metallblock an einer Stange (Abbildung 3.5). Dabei gilt es zu vermeiden, dass sich durch Luftspalte zwischen dem Ziel und der Hohlleiterwand der Betrag und die Phase des reflektierten Signals ändert. Durch eine Ummantelung des metallischen Ziels mit einer Teflonhülle o.ä. kann eine Stabilisierung der Phase erreicht werden [11]. Zusätzlich kann die Form des Ziels ähnlich einem Streifenleitungsfilter aufgebaut werden, um die reflektierte Leistung zu maximieren und gleichzeitig Mehrfachreflexionen

durch Reflexionen hinter dem Ziel zu minimieren [13]. Eine detaillierte Analyse der Zieloptimierung für genaue Entfernungsmessungen in Hohlleitern findet sich in [8].
Ähnlich wie bei Hohlleiterzielen ist auch bei Zielen im Freiraum eine Maximierung der reflektierten Signalleistung erwünscht. Allerdings gibt es mit der Zielgröße ein weiteres Optimierungskriterium, da in der späteren Anwendung, z.B. innerhalb von Werkzeugmaschinen, nicht beliebig viel Platz zur Verfügung steht und ein möglichst kompaktes Ziel bevorzugt wird. Eine Analyse der optimalen Zielgröße und -form wird in Abschnitt 3.4.1 durchgeführt. Des Weiteren muss in Freiraummessungen der Einfluss von Mehrwegeausbreitung und folglich der Umgebung des Ziels berücksichtigt werden (Abschnitt 3.4.2). Auf Grund des hohen Antennengewinns der Radare (>25 dBi) und der kurzen Messdistanzen des Radars, findet ein Teil der Messungen unterhalb der Gültigkeitszone des Fernfelds statt. Da hierbei eine stärkere Beeinflussung der Phase auftritt (keine ebene Wellenfront), wird der optimale Messbereich in Freiraummessungen in Abhängigkeit der Antenne untersucht. Des Weiteren wird in diesem Abschnitt analysiert, inwieweit die Radargleichung und der Radarquerschnitt unterhalb der Gültigkeitszone des Fernfelds zur Ermittlung des SNRs und damit der Genauigkeit mit der CRB aus Abschnitt 3.1 und insbesondere Abschnitt 3.1.6 verwendet werden können.

3.4.1 Optimale Zielgröße und -form in Freiraummessungen

Zur Analyse der Größe von Radarzielen auf die Genauigkeit bietet sich als Ausgangspunkt die Radargleichung an, da diese den mess- und beeinflussbaren Radarrückstreuquerschnitt (engl. Radar Cross Section (RCS)) σ_{RCS} mit dem SNR des Radars η und damit über die CRB mit der Genauigkeit verknüpft. Die Radargleichung für ein monostatisches FMCW-Radar und ein Punktziel ist definiert als

$$\eta = \frac{P_{\mathrm{tx}} G^2 \sigma_{\mathrm{RCS}} \lambda^2}{(4\pi)^3 r^4 k_{\mathrm{B}} T_{\mathrm{T}} \frac{1}{T} F} \tag{3.57}$$

mit der Sendeleistung P_{tx}, dem Antennengewinn G, der Wellenlänge λ, der Boltzmann-Konstante k_{B}, der Zielentfernung r, der Beobachtungsdauer T (entspricht ungefähr der Rampendauer im FMCW-Radar), der Temperatur T_{T} und

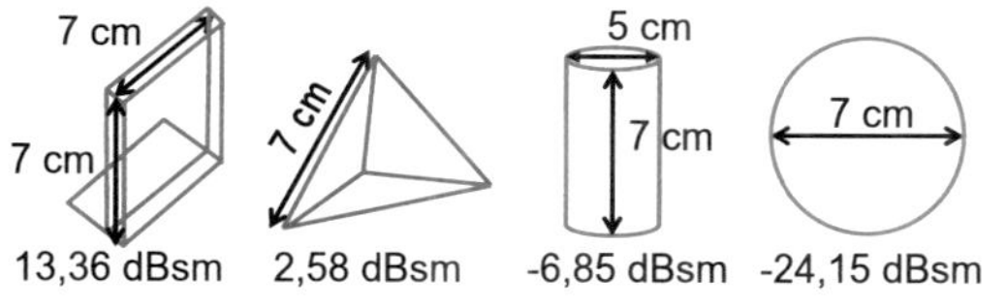

Abbildung 3.23: Abmessungen und RCS verschiedener Ziele [3], 80 GHz FMCW-Radar.

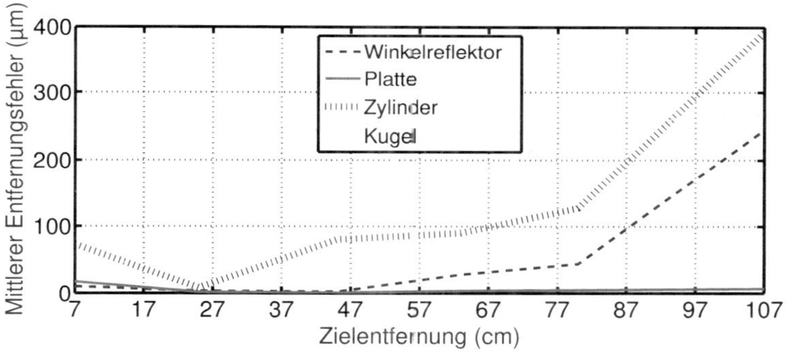

Abbildung 3.24: Genauigkeit unterschiedlicher Ziele bei Frequenzauswertung [3], 80 GHz FMCW-Radar.

der Rauschzahl F. Auf Grund des hohen Antennengewinns und der geringen Entfernungen bei Messungen befinden sich die Ziele häufig im Nahbereich des Radars (Abschnitt 3.4.2) und können nicht immer als Punktziele angenommen werden. Da die Radargleichung und der RCS für Ziele im Fernfeld definiert sind, sind die Beziehungen zwischen den einzelnen Größen im Nahfeld nur eingeschränkt gültig und die Analyse der Radarziele im Freiraum wird empirisch durchgeführt. Dennoch ist zu erwarten, dass große Ziele und Zielformen mit einem hohen RCS höhere Genauigkeiten ermöglichen, solange die Phase durch das Ziel nicht verzerrt wird. Für die verwendete Linsenantenne mit einem Gewinn von 25 dBi beginnt das Fernfeld bei etwa 62 cm (Abschnitt 3.4.2). Um eine Vorauswahl geeigneter Ziele zu treffen, werden vier Grundformen von Zielen gemessen (Abbildung 3.23): Ein Winkelreflektor mit einer Seitenlänge von 7 cm, eine quadratische Platte mit einer Seitenlänge von 7 cm, ein Zylinder mit einem Durchmesser von 5 cm und einer Höhe von 7 cm sowie eine Kugel mit einem Durchmesser von 7 cm. Die Messungen werden mit dem 80 GHz FMCW-

Radar mit 25 GHz Bandbreite und dem in Abbildung 3.11 gezeigten Messaufbau durchgeführt. Die Messergebnisse für die Frequenzauswertung sind in Abbildung 3.24 gezeigt. Die höchste Genauigkeit wird im Durchschnitt mit der Platte erzielt, wobei der Winkelreflektor für Distanzen kleiner als 47 cm eine höhere Genauigkeit aufweist. Zylindrische und sphärische Formen besitzen einen geringeren RCS als vergleichbar große Platten und Winkelreflektoren und werden auf Grund der geringen Genauigkeiten nicht weiter berücksichtigt. Eine zusätzliche Phasenauswertung für zylindrische und sphärische Formen zeigt ebenfalls deutlich schlechtere Ergebnisse als für Platten und Winkelreflektoren [3].

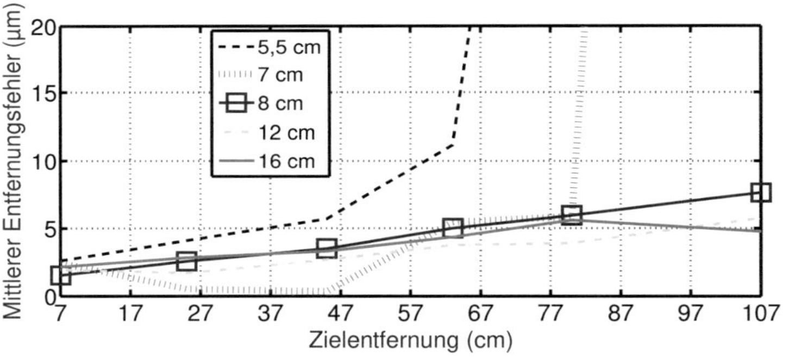

Abbildung 3.25: Einfluss unterschiedlicher Winkelreflektorgrößen auf die Genauigkeit bei zusätzlicher Phasenauswertung [3], 80 GHz FMCW-Radar.

In Abbildung 3.25 ist der Einfluss unterschiedlicher Winkelreflektorgrößen auf die Genauigkeit für die zusätzliche Phasenauswertung gezeigt. Bei geringen Winkelreflektorgrößen von 5,5 cm und von 7 cm zeigt sich, dass sich ab einer Entfernung von etwa 60 cm bzw. etwa 77 cm die Genauigkeit deutlich verschlechtert. Dies ist darauf zurückzuführen, dass ein Winkelreflektor mehrere Streuzentren besitzt [39, 25], die sich in Abhängigkeit der Ausleuchtung des Winkelreflektors überlagern können, z.B. findet mit der verwendeten Linsenantenne eine vollständige Ausleuchtung eines Winkelreflektors mit einer Kantenlänge von 7 cm erst nach 143 cm statt. Beim Einsatz einer Antenne mit einem geringeren Gewinn tritt entsprechend der Genauigkeitsverlust früher auf, da der Winkelreflektor bereits in geringerer Entfernung vollständig ausgeleuchtet wird [3].

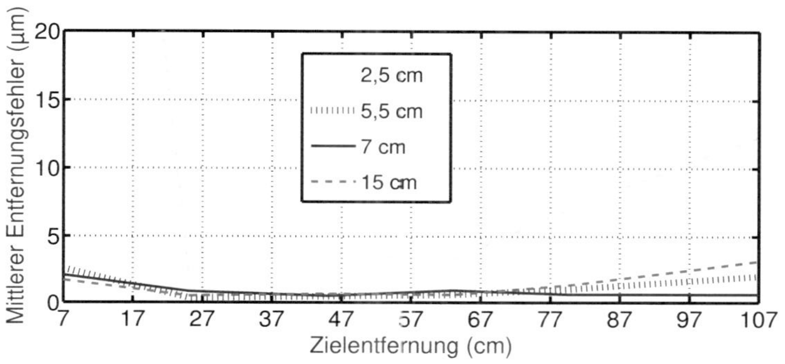

Abbildung 3.26: Einfluss unterschiedlicher Plattengrößen auf die Genauigkeit [3], 80 GHz FMCW-Radar.

Das Ergebnis der zusätzlichen Phasenauswertung für unterschiedliche Plattengrößen ist in Abbildung 3.26 zu sehen. Obwohl die Platten die einfachste Bauform aufweisen, wird mit ihnen die höchste Genauigkeit erzielt. Bereits mit einer Kantenlänge der Platte von 5 cm können Genauigkeiten im Mikrometerbereich erzielt werden.

3.4.2 Optimaler Messbereich und Umgebungseinfluss in Freiraummessungen

Neben der Zielform und -größe beeinflussen auch die Antenneneigenschaften die maximal erzielbare Genauigkeit. Prinzipiell sind ein hoher Antennengewinn und geringe Nebenkeulen vorteilhaft, da dadurch ein einzelnes Ziel besser erfasst wird und Mehrwegeausbreitung vermieden wird. Jedoch vergrößert ein hoher Antennengewinn den Bereich des Nahfelds und der Fresnel-Region und es ist notwendig zu untersuchen, welche Auswirkungen die in diesem Bereich nicht mehr ebenen Wellenfronten auf die Genauigkeit haben. Insgesamt existieren drei verschiedene Feldregionen der Antenne:

$$0 < r < 0,62\sqrt{\frac{D^3}{\lambda}} \quad , \tag{3.58}$$

$$0,62\sqrt{\frac{D^3}{\lambda}} \leq r < \frac{2D^2}{\lambda} \quad , \tag{3.59}$$

$$\frac{2D^2}{\lambda} \leq r \leq \infty \quad , \tag{3.60}$$

wobei D die Antennenapertur bezeichnet. Die Feldregion direkt an der Antenne wird reaktives Nahfeld genannt. In der nächsten Feldregion beginnt die Antenne Strahlungskeulen zu entwickeln und wird als Fresnel-Region bezeichnet. Der letzte Bereich, in dem die elektromagnetischen Felder vollständig als ebene Welle abgestrahlt werden, wird Fernfeld oder Fraunhofer-Region genannt. Zur Analyse werden eine Hornantenne mit einem Gewinn von 20 dBi und eine Linsenantenne mit 25 dBi verwendet. Als Radar wird das 80 GHz FMCW-Radar mit einer Bandbreite von 25 GHz gewählt. Der Messaufbau bleibt wie in Abbildung 3.11 dargestellt und wird um einen Messbereich von 1 cm bis 6 cm erweitert, um das reaktive Nahfeld der Antennen mit zu berücksichtigen. Eine Übersicht der Feldregionen der beiden Antennen ist in Tabelle 3.3 aufgeführt.

Antennentyp	Apertur (cm)	Reaktives Nahfeld (cm)	Fresnel-Region (cm)	Fraunhofer-Region (cm)
Linse	3,40	$0 < r < 6{,}4$	$6{,}4 \leq r < 62$	$62 \leq r \leq \infty$
Horn	1,24	$0 < r < 1{,}4$	$1{,}4 \leq r < 8{,}2$	$8{,}2 \leq r \leq \infty$

Tabelle 3.3: Feldregionen der Antenne bei 80 GHz.

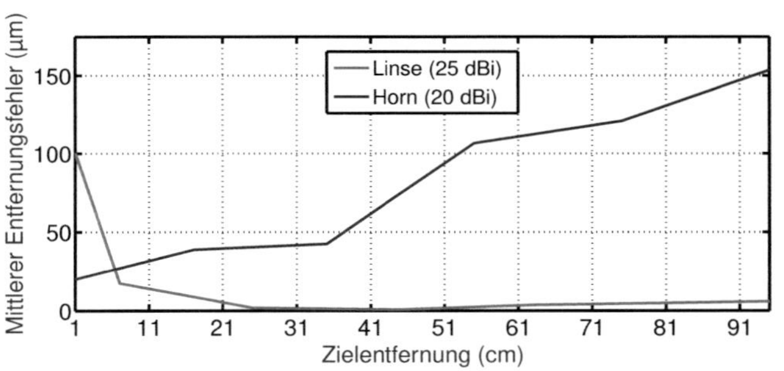

Abbildung 3.27: Einfluss des Zielabstands und des Antennengewinns auf die Genauigkeit bei Verwendung einer quadratischen Platte mit 7 cm Kantenlänge für die Frequenzauswertung [3], 80 GHz FMCW-Radar.

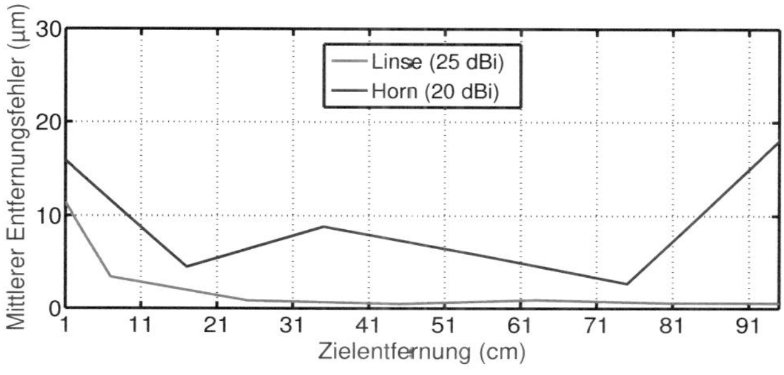

Abbildung 3.28: Einfluss des Zielabstands und des Antennengewinns auf die Genauigkeit bei Verwendung einer quadratischen Platte mit 7 cm Kantenlänge für die zusätzliche Phasenauswertung [3], 80 GHz FMCW-Radar.

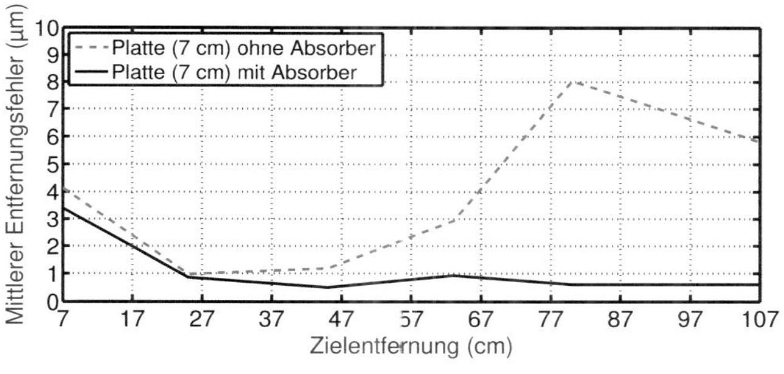

Abbildung 3.29: Einfluss der Zielumgebung auf die Genauigkeit [3] für die zusätzliche Phasenauswertung, 80 GHz FMCW-Radar.

Bei einer reinen Frequenzauswertung wird der Einfluss des reaktiven Nahfelds auf die Genauigkeit sichtbar (Abbildung 3.27). Im Vergleich zur Hornantenne mit dem kleineren Nahfeld ist bei der Linsenantenne die Genauigkeit reduziert. Jedoch ist bereits in der anschließenden Fresnel-Region die Auswirkung des höheren Gewinns der Linse größer als der Einfluss der nicht mehr ebenen Wellenfronten und die Genauigkeit ist höher als die Genauigkeit der Hornantenne. Auch bei der zusätzlichen Phasenauswertung wird die Genauigkeit durch das reaktive Nahfeld reduziert (Abbildung 3.28). Allerdings sind im Vergleich zur Frequenzauswertung die Auswirkungen geringer und die Linsenantenne mit dem höheren Gewinn erreicht über die gesamte Strecke eine höhere Genauigkeit. Ins-

gesamt zeigt sich ein Einfluss der Feldregionen der Antenne auf die Genauigkeit nur im Bereich des reaktiven Nahfelds.
Weiter wird untersucht, ob durch die Verwendung von Mikrowellenabsorbern zusätzliche Mehrwegeausbreitungen reduziert werden können und sich die Genauigkeit dadurch weiter steigern lässt. Zum Vergleich wird eine Messung durchgeführt, bei der alle Absorber entfernt sind und bei einer weiteren Messung wird außer dem Ziel die gesamte Umgebung mit Absorbern abgedeckt (Abbildung 3.10). Das Ergebnis der Untersuchung ist in Abbildung 3.29 zu sehen. Es kann eine Genauigkeit für das optimale Ziel von unter einem Mikrometer erzielt werden.

4 Verbesserung der Genauigkeit durch optimierte Signalverarbeitung

Die Signalverarbeitung der Radarsignale des FMCW-Radars verfolgt zwei Ziele: Zum Einen sollen die Radarsignale möglichst so ausgewertet werden, dass die in Kapitel 3 gezeigten Grenzen der Entfernungsgenauigkeit erreicht werden. Zum Anderen ist es für den Einsatz in Maschinen notwendig, dass die eingesetzten Algorithmen echtzeitfähig sind, bzw. eine möglichst kurze Berechnungszeit benötigen, um die Messwiederholrate zu maximieren ohne im Gegenzug an Genauigkeit zu verlieren.
In Abschnitt 4.1 wird die Auswirkung verschiedener Methoden zur Optimierung der Signalform zur verbesserten Verarbeitung durch die Algorithmen zur Entfernungsbestimmung analysiert. Die eigentliche Entfernungsbestimmung wird in Abschnitt 4.2 und Abschnitt 4.3 untersucht.
Um die Frequenz und Phase des ZF-Signals und daraus die Zielposition zu bestimmen, können Algorithmen im Frequenzbereich oder modellbasierte Algorithmen, die häufig im Zeitbereich arbeiten, eingesetzt werden. In Abschnitt 4.2 werden die Frequenzbereichsalgorithmen analysiert und Möglichkeiten zur Steigerung der Genauigkeit des hier vorgestellten, echtzeitfähigen CZT-Algorithmus gezeigt.
In Abschnitt 4.3 wird eine Analyse der modellbasierten Entfernungsbestimmung durchgeführt. Durch die Berücksichtigung von vorhandenen Störungen bei der Entfernungsberechnung, kann mit diesen Algorithmen die Genauigkeit weiter gesteigert werden.
Im letzten Abschnitt dieses Kapitels wird eine Übersicht der Algorithmen vorgestellt.

Fensterfkt., 24 GHz	MSE (10^{-12} m^2)	Fensterfkt., 80 GHz	MSE (10^{-12} m^2)
MSE opt.	1,08	MSE opt.	1,08
Kaiser (β=8)	8,79	Blackman	2,78
Blackman	11,09	Kaiser (β=8)	3,25
von Hann	11,25	von Hann	3,61
Gauss	19,1	Blackmanharris	4,74
Bartlett	24,0	Gauss	5,77
Blackmanharris	44,29	Bartlett	10,48
Hamming	91,98	Hamming	66,66
Rechteck	-	Rechteck	390,39

Tabelle 4.1: MSE verschiedener Fenster nach MSE sortiert, zusätzliche Phasenauswertung, 24 GHz und 80 GHz

4.1 Signalvorverarbeitung

Die meisten in diesem Abschnitt beschriebenen Methoden sind für die Algorithmen im Frequenzbereich und modellbasierte Algorithmen anwendbar. Ausschließlich für die Auswertung im Frequenzbereich ist die Untersuchung des Einflusses der Fensterwahl auf die Genauigkeit in Abschnitt 4.1.1 vorgesehen. Des Weiteren zeigt sich, dass eine zusätzliche Filterung (Abschnitt 4.1.2) für modellbasierte Algorithmen sinnvoller ist.

4.1.1 Fensterfunktionen

Auf Grund von Mehrfachreflexionen, Fehlanpassungen und Mehrwegeausbreitung enthalten die vom FMCW-Radar empfangenen ZF-Signale immer verschiedene Frequenzanteile und Störungen, die bei Verwendung eines Rechteck-Fensters zu einem starken Leckeffekt [50] führen, weil sich das Signal im Zeitbereich nicht periodisch fortsetzen lässt. Zur Reduzierung des Leckeffekts bzw. zur Verbesserung der Periodisierung des Signals werden daher vor der CZT (Abschnitt 4.2.1) Fensterfunktionen eingesetzt, die das Signal am Anfang und

Ende dämpfen. Es kann dadurch keine Verbesserung der Frequenzauflösung erzielt werden. Allerdings wird das Frequenzspektrum für die Ermittlung des Maximums und folglich der Zielposition besser verteilt.
Zur Analyse des Einflusses der Fensterfunktionen auf die anschließend durchgeführte CZT, werden verschiedene, typische Fensterfunktionen [47, 40] für die Auswertung von Radarmessungen des 24 GHz und des 80 GHz FMCW-Radars getestet. Für den Vergleich der Fensterfunktionen wird jeweils die mittlere quadratische Abweichung (MSE) (Abschnitt 3.1.1) berechnet. Eine Übersicht der Ergebnisse ist in Tabelle 4.1 aufgelistet. Es zeigt sich, dass Fenster, die eine hohe Sperrdämpfung [47] aufweisen und dadurch den Leckeffekt reduzieren für die Entfernungsmessung mit hoher Genauigkeit vorteilhaft sind. Ein zu großer Durchlassbereich der Spektralfunktion reduziert allerdings die Genauigkeit wieder. Als guter Kompromiss hat sich das Blackman-Fenster erwiesen. Das Kaiser-Fenster mit β=8 [47] weist ähnliche Eigenschaften wie das Blackman-Fenster auf und führt ebenfalls zu guten Ergebnissen. Wenn eine höhere spektrale Auflösung benötigt wird, kann auch mit dem von Hann-Fenster eine hohe Genauigkeit erzielt werden. Wenn kein Fenster verwendet wird, ist in vielen Messungen die Genauigkeit der Frequenzauswertung so gering, dass keine zusätzliche Phasenauswertung möglich ist. In Abbildung 4.1 und Abbildung 4.2 sind die Genauigkeiten der besten Fenster dargestellt. Als optimales Fenster wird ein fiktives Fenster bezeichnet, dass aus allen zur Verfügung stehenden Fenstern pro Position ein ideales Fenster auswählt. Die Fehlerkurven des Blackman-Fensters, des Kaiser-Fensters und des von-Hann Fensters verlaufen in beiden Auswertungen ähnlich und unterscheiden sich lediglich geringfügig in der erreichten Genauigkeit.
In [21] wird vorgeschlagen, ein ideales Fenster pro Position durch eine Lookup-Tabelle zu ermitteln. Dazu wird in einer Simulation zur Erstellung der Lookup-Tabelle ein Ziel und ein Störziel angenommen. Für diese Ziele werden die Amplitude, die ZF, das SNR und die Fensterfunktion schrittweise variiert, so dass alle Fälle einer späteren Messung abgedeckt werden. Zur Ermittlung des Fensters mit dem geringsten Fehler wird jeweils der MSE berechnet. Bei einer Messung wird dann neben der ZF des Hauptmaximums, die ZF des größten Störziels ermittelt, sowie die zugehörigen Amplituden und das SNR. Anhand der Lookup-Tabelle kann das optimale Fenster pro Position aus der Lookup-Tabelle ausgewählt werden, ohne dass ein hoher Rechenaufwand notwendig ist.

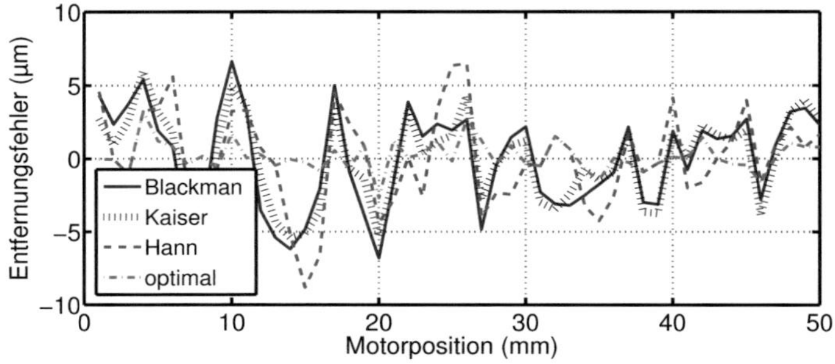

Abbildung 4.1: Genauigkeit verschiedener Fenster, zusätzliche Phasenauswertung, 24 GHz FMCW-Radar.

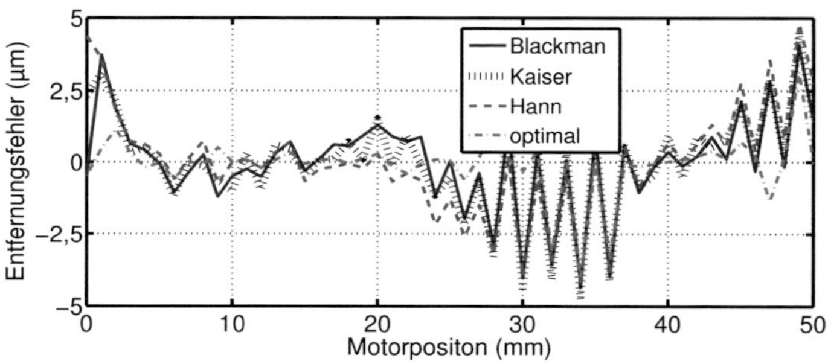

Abbildung 4.2: Genauigkeit verschiedener Fenster, zusätzliche Phasenauswertung, 80 GHz FMCW-Radar.

Bei praktischen Messungen hat sich allerdings gezeigt, dass bereits mit dem Blackman-Fenster sehr hohe Genauigkeiten erreicht werden und mit der zusätzlichen Lookup-Tabelle keine weitere Verbesserung möglich ist.

4.1.2 Digitale Filterung

Wenn neben der Zielfrequenz weitere Störungen im ZF-Signal auftreten, zeigen die Zeitbereichsschätzer (Abschnitt 4.3) eine starke Verschlechterung der Entfernungsgenauigkeit [41]. In Abbildung 4.3 ist das Ergebnis einer Matlab-Simulation gezeigt, bei der zusätzlich zur Zielfrequenz von 27,501 kHz eine Störfrequenz zwischen 27,5 kHz und 40 kHz in 50 Hz Schritten variiert

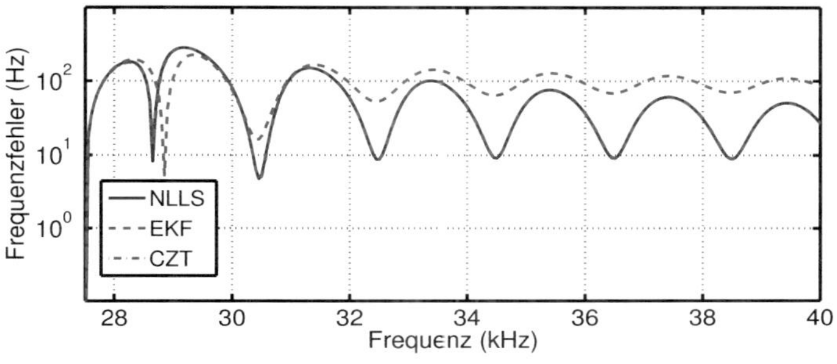

Abbildung 4.3: Frequenzfehler bei der Schätzung einer Zielfrequenz von 27,501 kHz, wenn zusätzlich eine Störfrequenz zwischen 27,5 kHz und 40 kHz in 50 Hz Schritten variiert wird. Simulation [41].

wird. Die Amplitude der Störfrequenz ist gegenüber der Amplitude der Zielfrequenz um die Hälfte verringert. Des Weiteren wird angenommen, dass kein Rauschen vorhanden ist und dass jeweils 1000 Messpunkte, entsprechend einer Rampendauer von 1 ms und einer Abtastrate von 1 MSa/s, zur Verfügung stehen. Die Zielfrequenz wird für jede Störfrequenz mit dem Erweiterten Kalman-Filter (EKF) (Abschnitt 4.3.2), dem Non-Linear Least Squares Schätzer (NLLS) (Abschnitt 4.3.2) und der Chirp-z-Transformation (CZT) (Abschnitt 4.2.1) bestimmt. Jeder der verwendeten Schätzer weist eine periodische Abhängigkeit von der Frequenz des Störsignals und eine Verfälschung der Frequenzschätzung auf. CZT, NLLS und EKF zeigen einen nahezu identischen Verlauf über der Frequenz.

Die digitale Filterung stellt eine Möglichkeit dar, den Einfluss dieser Störungen zu reduzieren. Während es sich bei der Fensterung um eine Multiplikation im Zeitbereich handelt, findet bei der Filterung eine Multiplikation im Frequenzbereich und damit eine Faltung im Zeitbereich statt. Diese Faltung erfordert im Vergleich zur Fensterung einen höheren Rechenaufwand. Außerdem tritt ein weiterer Effekt auf: Besteht ein ZF-Signal aus mehreren Frequenzen, muss der Filter auf die entsprechende Frequenz des Ziels abgestimmt werden, damit im Falle eines schmalbandigen Bandpass-Filters nur der Nutzsignalanteil durchgelassen und der Störsignalanteil gedämpft wird. Falls die Zwischenfrequenz des Ziels nicht bekannt ist, muss diese zur Laufzeit grob ermittelt und anschließend ein Filter erstellt werden. Danach kann eine genaue Bestimmung der Frequenz anhand des gefilterten Signals mit dem Zeitbereichsschätzer erfolgen. Dieses Schema ist in Abbildung 4.4 veranschaulicht. Eine Alternative zu diesem Konzept wird in Abschnitt 4.3.4 vorgestellt. Bei diesem alternativen Konzept werden die Störungen direkt mit in das Signalmodell integriert.

Abbildung 4.4: Schema für Frequenzbestimmung mit Filterung [41].

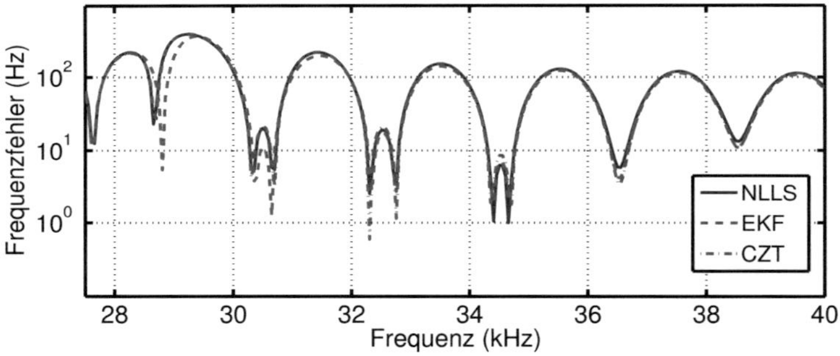

Abbildung 4.5: Frequenzfehler bei der Schätzung einer Zielfrequenz von 27,501 kHz, wenn zusätzlich eine Störfrequenz zwischen 27,5 kHz und 40 kHz in 50 Hz Schritten variiert wird. Vor der Schätzung wird ein Bandpass-Filter verwendet. Simulation [41].

Im Folgenden wird in Matlab ein linearphasiges, Finite Impulse Response (FIR)-Bandpassfilter für die Simulation erstellt und das Ergebnis der Simulation unter Einsatz des Filters betrachtet. Die mittlere Durchlassfrequenz liegt bei 27,5 kHz und ab einer Frequenz von 27,5 kHz $\pm$ 7,5 kHz wird die Signalamplitude um 25 dB gedämpft. Störungen, die außerhalb des Durchlassbereichs liegen, beeinflussen die Schätzung daher kaum. In Abbildung 4.5 ist das Ergebnis der Simulation zu sehen, wenn vor der Frequenzschätzung das ZF-Signal mit dem entworfenen Bandpassfilter gefiltert wird. Es ist zunächst keine Verbesserung bei den Schätzern zu erkennen. Die Frequenzschätzung verschlechtert sich sogar und die Amplitude der Schwankung über der Frequenz nimmt zu.

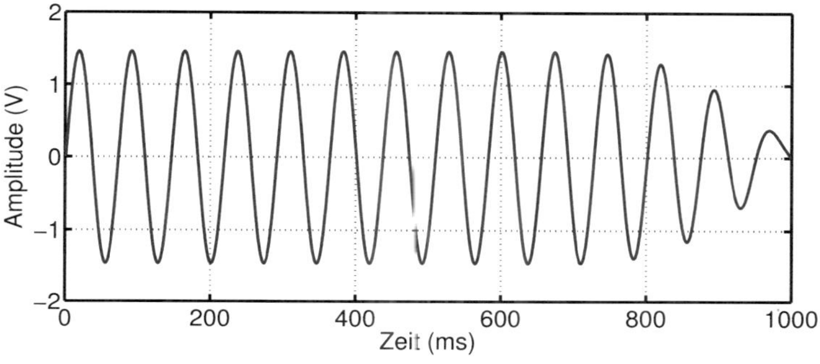

Abbildung 4.6: Gefiltertes ZF-Signal im Zeitbereich [41].

In Abbildung 4.6 ist das ZF-Signal aus der Simulation bei 27,5 kHz dargestellt, das mit dem erstellten Bandpass gefiltert wurde. Als Ursache der fehlenden Verbesserung der Frequenzschätzung der Zeitbereichsschätzer lassen sich die Amplitudenschwankungen des gefilterten ZF-Signals identifizieren, die vor allem am Ende des ZF-Signals gut zu erkennen sind. Aus diesem Grund müssen im ZF-Signal (Abbildung 4.6) die verfälschten Abtastwerte nach der Filterung ab einem Zeitpunkt von etwa 800 ms entfernt werden. Allgemein ist es für Zeitbereichsschätzer immer sinnvoll Abtastwerte zu entfernen, wenn ein Teil des ZF-Signals starke Schwankungen in der Amplitude oder Frequenz aufweist. Obwohl in diesem Fall ein kleinerer Teil des ZF-Signals mit weniger Abtastwerten vorhanden ist, kann auf Grund des stabileren Signalverlaufs das Ergebnis der Zeitbereichsschätzung verbessert werden. Die Simulation wird daher wiederholt mit dem Zusatz, dass die letzten 200 Abtastwerte (Abtastrate 1 MSa/s) des ZF-Signals entfernt werden. Wie in Abbildung 4.7 zu sehen ist, verbessert sich das Ergebnis für die Zeitbereichsschätzer auch wenn nur noch 800 Abtastwerte zur Verfügung stehen.

Während sich das Ergebnis der CZT durch das Entfernen der Abtastwerte um etwa 3 Hz verbessert, ist der Frequenzfehler des EKFs und des NLLS im Mittel um 16 Hz gesunken. Daher werden im Folgenden die Zeitbereichsschätzer eine Filterung immer in Kombination mit einer Entfernung von Abtastwerten des ZF-Signals durchführen.

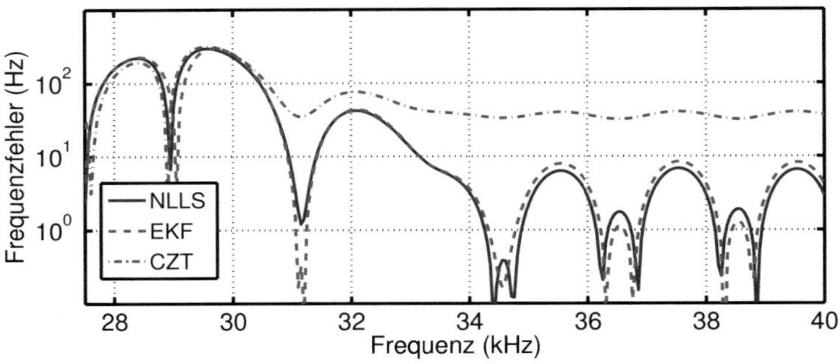

Abbildung 4.7: Frequenzfehler bei der Schätzung einer Zielfrequenz von 27,501 kHz, wenn zusätzlich eine Störfrequenz zwischen 27,5 kHz und 40 kHz in 50 Hz Schritten variiert wird. Vor der Schätzung wird ein Bandpass-Filter verwendet und die letzten 200 Werte des ZF-Signals werden entfernt. Simulation [41].

4.1.3 A/D-Wandlung und Abtastverhältnis

Ein vom Radar empfangenes, analoges Signal kann mit unterschiedlichen Abtastfrequenzen in ein diskretes Signal umgewandelt werden. Bei gleichbleibender Beobachtungszeit wächst mit der Abtastfrequenz die Anzahl der verfügbaren Abtastwerte. Nach [48] beträgt das ideale Abtastverhältnis $f_{\mathrm{ZF}}/f_{\mathrm{s}}$=0,25, was einer zweifachen Überabtastung entspricht. Wenn dieses Verhältnis sich 0 annähert, steigt der Einfluss von Spiegelfrequenzen immer stärker an, was auch bei Messungen erfasst werden kann [72]. Für ein Verhältnis von 0,5 wird die Grenze des Abtasttheorems erreicht und es kann, z.B. durch Störfrequenzen, Aliasing auftreten. In Simulationen kann gezeigt werden, dass der Frequenzfehler der CZT minimal wird, wenn das ideale Abtastverhältnis eingehalten wird [41]. In praktischen Anwendungen tritt das Problem auf, dass die ZF zunächst unbekannt ist. Es wäre ein Algorithmus denkbar, der zunächst eine Grobschätzung der ZF vornimmt und anschließend über ein Resampling [27] das ideale Abtastverhältnis einstellt. Jedoch benötigt der Resampling-Algorithmus Filter, die systematische Fehler verursachen und dadurch die erzielbare Genauigkeit begrenzen [74]. Des Weiteren wird das optimale Abtastverhältnis durch Störfrequenzen beeinflusst [41]. Auf Grund dieser Schwierigkeiten wird das Abtastverhältnis in Messungen nicht auf das optimale Abtastverhältnis optimiert.

Falls ein Resampling oder Downsampling mit einem Faktor d angewendet wird, ändern sich die CRB (Abschnitt 3.1.3) für $N \gg 1$ zu [36]:

$$\begin{aligned} \operatorname{var}\left\{\hat{f}_{\mathrm{ZF}}\right\} &\geq \frac{12 f_{\mathrm{s}}^2 d}{(2\pi)^2 N^3 \eta} \\ \operatorname{var}\left\{\hat{\varphi}_{\mathrm{ZF}}\right\} &\geq \frac{4d}{N\eta}. \end{aligned} \tag{4.1}$$

In diesem Zusammenhang wird auch der Einfluss des Quantisierungsrauschens durch den A/D-Wandler betrachtet. Alle eingesetzten Radare verfügen über mindestens 14 Bit A/D-Wandler. Daraus resultiert ein SNR von [49]

$$\eta = 14 \cdot 6{,}02\,\mathrm{dB} + 1{,}76\,\mathrm{dB} = 86\,\mathrm{dB} \quad . \tag{4.2}$$

Die gemessenen SNRs der Radare liegen deutlich darunter, so dass eine Beeinflussung der Genauigkeit durch Quantisierungsrauschen nicht auftritt.

4.1.4 Kombination von verschiedenen ZF-Signalen

Durch die Kombination von Aufwärts- und Abwärtsrampe oder des I- und Q-Signals, können, auf Grund unterschiedlicher Vorzeichen der Signale, systematische Fehler reduziert werden. Es wird zunächst die Kombination von Aufwärts- und Abwärtsrampe beschrieben, die sich besonders eignet, um systematische Phasenfehler zu kompensieren, z.B. bei Abtastfehlern oder Mehrfachreflexionen.

Wenn das ZF-Signal nicht zum idealen Zeitpunkt sondern verzögert abgetastet wird, führt dies zu einem Phasenfehler. Das um t' verzögerte ZF-Signal $x(t-t')$ mit der Phase φ_{ZF} lässt sich durch

$$x(t-t') = \sin\left(2\pi f_{\mathrm{ZF}}\left(t-t'\right) + \varphi_{\mathrm{ZF}}\right) \tag{4.3}$$

beschreiben. Die Phasenabweichung φ_e von der Phase φ_{ZF} ist damit

$$\varphi_{\mathrm{e}}(t') = -2\pi f_{\mathrm{ZF}} t' \quad . \tag{4.4}$$

Da zur Entfernungsbestimmung immer ein Referenzwert benutzt wird, ist nicht die absolute Frequenz f_{ZF}, sondern die Frequenzänderung Δf_{ZF} zwischen zwei Entfernungen von Bedeutung. Die Entfernung ergibt sich aus der Frequenz mit (2.4) zur Entfernungsauswertung über

$$r(\Delta f_{\mathrm{ZF}}) = \Delta f_{\mathrm{ZF}} \frac{T}{2B} c_0 \quad . \tag{4.5}$$

Wenn die Frequenzabweichung Δf_{ZF} in den Term des Phasenfehler aus (4.4) eingesetzt wird, folgt für den positionsabhängigen Phasenfehler

$$\varphi_{\mathrm{e}}(t', r) = -4\pi t' r \frac{B}{c_0 T} \quad . \tag{4.6}$$

Nach der Phasenauswertung mit (2.12) und (2.13) ergibt sich ein Entfernungsfehler von

$$r_{e,up}(t', r) = -t' r \frac{B}{f_{\min} T} \quad , \tag{4.7}$$

$$r_{e,down}(t', r) = t' r \frac{B}{f_{\max} T} \quad . \tag{4.8}$$

Der Fehler ist linear von der Entfernung abhängig und wächst mit steigender Entfernung. Da die Vorzeichen für Aufwärts- und Abwärtsrampen verschieden sind, laufen die Fehler auseinander. Eine Abschätzung der Auswirkung einer Zeitverzögerung ist beispielhaft in Abbildung 4.8 für das 24 GHz FMCW-Radar

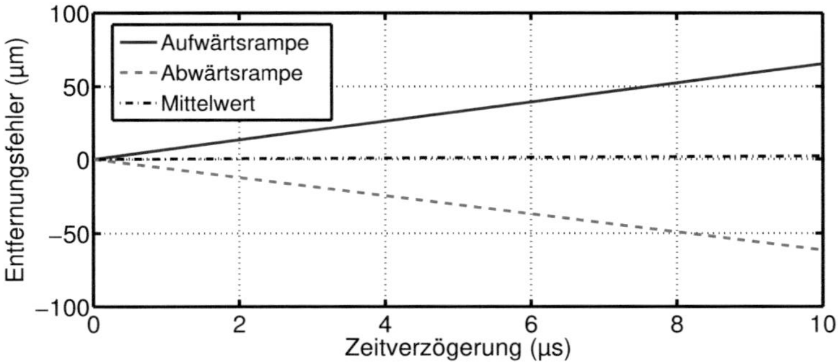

Abbildung 4.8: Entfernungsfehler verursacht von einem Zeitversatz bei der Abtastung des ZF-Signals nach einer Mittelung der durch Aufwärts- und Abwärtsrampe berechneten Entfernung [36]. Simulation von (4.7) und (4.8).

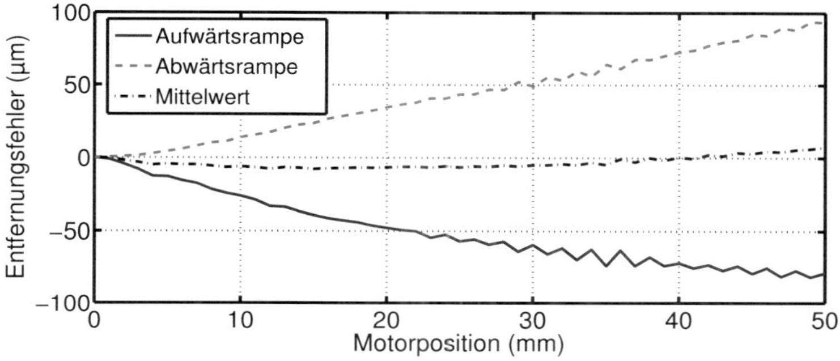

Abbildung 4.9: Entfernungsfehler nach Mittelung der durch Aufwärts- und Abwärtsrampe berechneten Position, 80 GHz FMCW-Radar.

berechnet. Die Startfrequenz wird auf 23,5 GHz, die Bandbreite auf 1 GHz und die Rampendauer auf 500 µs festgelegt. Der Entfernungsfehler ist von der Entfernung linear abhängig und die Berechnung wird für eine Entfernung von 5 cm durchgeführt. Dies entspricht der maximalen Auslenkung des in Messungen verwendeten Piezomotors und folglich des Hohlleiterziels und führt in diesem Fall zum größten Fehler. Die Entfernungsänderung ist negativ, da sich bei den Messungen das Radarziel in Richtung der Einkopplungsstelle bewegt. Bei einer Verzögerung von 10 µs (FPGA Implementierung des 24 GHz FMCW-Radars [36]) entsteht in diesem Fall ein maximaler Entfernungsfehler von etwa 50 µm für die Aufwärts- und die Abwärtsrampe. Die Vorzeichen der Fehler unterscheiden sich, so dass durch die Mittelung je einer Aufwärts- und einer Abwärtsrampe die Fehler fast ausgeglichen werden können und der mittlere Fehler $\overline{r}_e$ verbleibt:

$$\overline{r}_e(t', r) = t' r \frac{B}{2T} \left(\frac{f_{\min} - f_{\max}}{f_{\min} \cdot f_{\max}} \right) \ll r_e(t', r) \quad . \tag{4.9}$$

Ein ähnliches Verhalten lässt sich auch bei Messungen mit dem 80 GHz FMCW-Radar beobachten. Die Messung wird mit dem in Abbildung 3.10 gezeigten Messaufbau in einem Bereich zwischen 45 cm und 50 cm mit einer Messbandbreite von 25 GHz durchgeführt. Als Ziel wird eine 10 cm große quadratische Platte verwendet. In Abbildung 4.9 sind die Entfernungsfehler der Aufwärts- und der Abwärtsrampe, sowie der gemittelte Entfernungsfehler gezeigt. Wie in [8] beschrieben, tritt durch Bauteiltoleranzen und Mehrfachreflexionen ein mit der Entfernung linear ansteigender Fehler auf, der mit Hilfe einer Kalibrierung entfernt wird. Durch die Kombination der berechneten Position beider Rampen wird der lineare Fehler entfernt, ohne dass eine zusätzliche Kalibrierung notwendig ist. Damit reduziert sich der maximale Entfernungsfehler von 90 µm auf 5 µm.

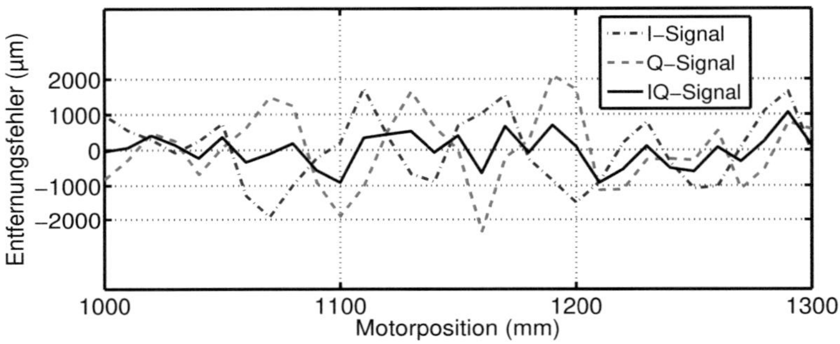

Abbildung 4.10: Genauigkeiten bei IQ-Frequenzauswertung, 61 GHz FMCW-Radar [71] © 2014 IEEE.

Wenn das verwendete Radar über einen IQ-Empfänger verfügt, können systematische Fehler durch die Kombination beider gegenphasiger Signale bereits bei der Frequenzauswertung entfernt werden. Im Gegensatz zur Kombination der Aufwärts- und Abwärtsrampe nach der Entfernungsberechnung wird das IQ-Signal bereits vor der Frequenz- und Phasenberechnung gebildet. Zusätzlich zur Verbesserung des SNRs um 3 dB wird durch das komplexe Signal der MSE insgesamt reduziert, was bei starken systematischen Fehlern deutlich wichtiger ist. Die Vorteile des IQ-Empfängers bei der Auswertung werden mit Hilfe des 61 GHz FMCW-Radars anhand von Messungen demonstriert. Für die Messungen wird der in Abbildung 3.17 gezeigte Aufbau verwendet. Die Messungen werden im ISM-Band (500 MHz Bandbreite) in einer Distanz von 1,0 m bis 1,3 m durchgeführt. Die erzielte Genauigkeit der Frequenzauswertung ist in Abbildung 4.10 zu sehen. Neben der Auswertung des IQ-Signals sind zusätzlich die Genauigkeiten dargestellt, wenn die Kanäle getrennt ausgewertet werden. Es wird ersichtlich, dass das IQ-Signal durch systematische Fehler deutlich weniger beeinflusst wird. Dadurch kann die notwendige Bedingung einer ausreichenden Genauigkeit der Frequenzauswertung (< 1,23 mm) für die Phasenaus-

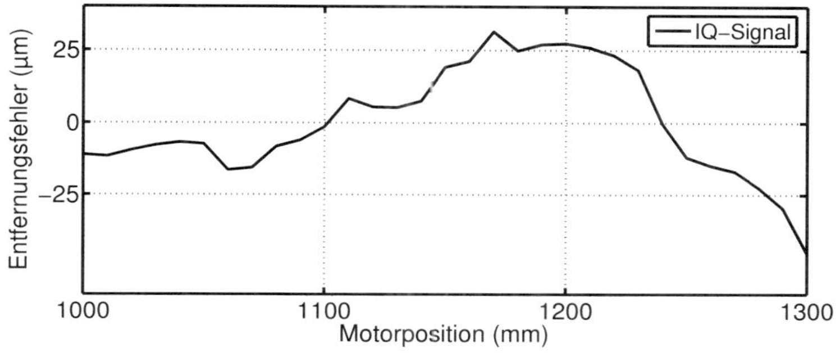

Abbildung 4.11: Genauigkeiten IQ-Phasenauswertung, 61 GHz FMCW-Radar [71] © 2014 IEEE.

wertung erfüllt werden. Der mittlere Fehler der zusätzlichen Phasenauswertung beträgt in diesem Fall 15,8 µm (Abbildung 4.11).

4.2 Entfernungsbestimmung im Frequenzbereich

Es existieren unterschiedliche Methoden, um Frequenzen und Phasen aus Signalen zu ermitteln. Daher muss eine Vorauswahl der Verfahren getroffen werden. Für das Auswerteverfahren der FMCW-Signale sind folgende Eigenschaften im Hinblick des Einsatzgebietes des Radars besonders wichtig: Hohe Robustheit bei Störungen, Echtzeitfähigkeit oder möglichst geringe Rechenleistung und maximale Genauigkeit unter Berücksichtigung der ersten beiden Punkte. Durch die Hardware-Limitierungen des Radars hängt die Entfernungsgenauigkeit des im Idealfall nur zeitlich begrenzten Sinussignals von der digitalen Auswertung ab. Wie in Abschnitt 4.1 gezeigt, wird die erreichbare Genauigkeit im Frequenzbereich durch eine Kombination verschiedener Parameter, z.B. A/D-Wandlung, Fensterfunktion, Beobachtungszeit und Frequenzauflösung, beeinflusst. Im Gegensatz zu diesen Einschränkungen gehen viele Schätzmethoden davon aus, dass es sich um ein zeitkontinuierliches Signal handelt, das nur durch weißes Rauschen gestört ist. Daher sind modellbasierte Parameterschätzer (z.B. Multiple Signal Classification (MUSIC) [76] oder Estimation of Signal Parameters via Rotational Invariance Techniques (ESPRIT) [69]), die eine gute Überein-

stimmung zwischen dem angenommenen Modell und dem realen Signal benötigen, für Entfernungsmessungen mit hoher Genauigkeit in Umgebungen mit Störungen ungeeignet [31, 5]. Dennoch gibt es eine Anwendung für diese Art von Schätzern, wenn zwei Ziele unterhalb der Entfernungsauflösung von Fourier basierten Schätzern liegen (Abschnitt 4.3.1). Unter den nichtparametrischen Schätzern ist die FFT die bekannteste Methode. Der größte Nachteil dieser Methode ist, dass für eine hohe Frequenzauflösung ein langer Beobachtungszeitraum erforderlich ist. Dies kann erreicht werden, indem die Messwiederholrate reduziert wird oder indem zusätzliche Nullen am Ende der Messung eingefügt werden (Zero-Padding). Da eine möglichst geringe Rechenleistung wünschenswert ist, muss ein effizienterer Algorithmus verwendet werden. In [26] wird ein interpolierender Discrete Fourier Transform (DFT)-Algorithmus vorgeschlagen. Dieser Algorithmus reduziert die Rechenzeit, aber funktioniert nur mit einem Rechteck-Fenster. Ein weiterer interpolierender DFT-Algorithmus, der ein Hann-Fenster einsetzt, ist in [4] gezeigt. Im Allgemeinen muss jeder interpolierende DFT-Algorithmus für das gewählte Fenster einzeln optimiert werden, wodurch in der praktischen Anwendung eine ausreichende Flexibilität fehlt.
Eine anderer Ansatz ist die Verwendung des CZT-Algorithmus, wenn nur ein schmales Frequenzband analysiert werden muss. Für diesen Fall können mit dem CZT-Algorithmus hohe Frequenzauflösungen erreicht werden [6], während gleichzeitig eine echtzeitfähige Implementierung auf einem FPGA möglich wird.

4.2.1 Iterative Chirp-z-Transformation

In diesem Abschnitt wird gezeigt, wie die hohe Frequenzauflösung des CZT-Algorithmus erreicht wird und durch iterative Aufrufe weiter gesteigert werden kann. Des Weiteren wird die Implementierung des Algorithmus für das FMCW-Radar vorgestellt.
Grundsätzlich wird die Entfernung des Radarziels über die Berechnung der DFT und das Maximum des Spektrums ermittelt. Jedoch ist die Genauigkeit zur Entfernungsberechnung nicht ausreichend, wenn das Frequenzraster zu grob ist, da dann die verfügbaren Frequenzstützstellen das eigentliche Maximum des Spektrums verfehlen können. Von der DFT ausgehend, kann eine weitere Transformation mit verbesserter Genauigkeit abgeleitet werden [68]. Über die Defi-

nition der N-Punkte DFT $X_{\mathrm{k,DFT}}$ einer zeitdiskreten Sinusschwingung x_{n}

$$X_{\mathrm{k,DFT}} = \sum_{n=0}^{N-1} x_{\mathrm{n}} \cdot e^{-j2\pi \frac{n \cdot k}{N}} \qquad k = 0, 1 \ldots, N-1, \tag{4.10}$$

mit dem diskreten Frequenzindex k, ist die normalisierte Frequenz k/N des diskreten Spektrums mit der zeitkontinuierlichen ZF f_{ZF} verknüpft:

$$\begin{aligned} -j2\pi\frac{nk}{N} &\stackrel{!}{=} -j2\pi f_{\mathrm{ZF}} t \\ nT_{\mathrm{s}}\frac{k}{T_{\mathrm{s}}N} &= f_{\mathrm{ZF}} t \\ f_{\mathrm{s}}\frac{k}{N} &= f_{\mathrm{ZF}} \;\; \text{mit} \;\; f_{\mathrm{s}} = \frac{1}{t_{\mathrm{s}}}, \; nt_{\mathrm{s}} = t. \end{aligned} \tag{4.11}$$

t_{s} bezeichnet den Abstand zwischen den Abtastzeitpunkten. Die Frequenzauflösung Δf_{DFT} der DFT beträgt

$$\Delta f_{\mathrm{DFT}} = \frac{1}{Nt_{\mathrm{s}}} \quad . \tag{4.12}$$

Wenn nur ein schmalbandiger Bereich mit einem Offset innerhalb des Spektrums benötigt wird, ist ein anderer Ansatz notwendig:

$$f_{\mathrm{ZF}} = f_0 + B_{\mathrm{CZT}}\frac{k}{K} \qquad \frac{k}{K} \in [0,1] \quad . \tag{4.13}$$

In (4.13) wird der Frequenzoffset mit f_{C} angegeben. Die Bandbreite B_{CZT} bestimmt den Bereich des Spektrums, der ausgewertet wird. Die Anzahl zu berechnender Frequenzen wird mit K festgelegt. Diese Anzahl ist unabhängig von der verfügbaren Anzahl N der Abtastwerte im Zeitbereich. Das neue Frequenzraster hat eine Auflösung Δf_{CZT} von

$$\Delta f_{\mathrm{CZT}} = \frac{B_{\mathrm{CZT}}}{K} \quad . \tag{4.14}$$

Wenn (4.13) in die Definition der DFT (4.10) eingesetzt wird, ergibt sich eine modifizierte Fourier-Transformation $X_{\mathrm{k,CZT}}$

$$\begin{aligned} X_{\mathrm{k,CZT}} &= \sum_{n=0}^{N-1} x_{\mathrm{n}} \cdot e^{-j2\pi n \left(\frac{f_0 + B_{\mathrm{CZT}} \frac{k}{K}}{f_{\mathrm{s}}} \right)} \\ &= \sum_{n=0}^{N-1} x_{\mathrm{n}} \cdot e^{-j2\pi \frac{f_0}{f_{\mathrm{s}}} n} e^{-j2\pi \frac{B_{\mathrm{CZT}}}{f_{\mathrm{s}} K} nk}, \end{aligned} \tag{4.15}$$

die mit Hilfe einiger Modifikationen über die Bluestein-FFT [68] berechnet werden kann. Die Bluestein-FFT entspricht einer Faltung, die eine diskrete und lineare Filterung durchführt und auch CZT genannt wird [22]. Diese Faltung kann als schnelle Faltung [82] berechnet werden, was für echtzeitfähige Anwendungen und eine Implementierung in FPGAs notwendig ist. Um die Frequenzauflösung weiter zu steigern und dadurch die Genauigkeit des FMCW-Radars ohne die FFT-Größe zu erhöhen, kann der CZT-Algorithmus wiederholt aufgerufen werden. Zur Berechnung der Entfernung mit einem FMCW-Radar wird folgendermaßen vorgegangen:

(i) Berechnung eines groben FFT-Spektrums,
(ii) Ermittlung des Maximums des FFT-Spektrums,
(iii) Der maximale Frequenzfehler beträgt $\pm$ der Hälfte des Abstandes der Frequenzstützstellen um das Maximum des FFT-Spektrums;
(iv) Berechnung der CZT mit einer Bandbreite der Größe $\pm$ der Hälfte des Abstandes der Frequenzstützstellen um das Maximum des FFT-Spektrums aus Schritt (iii),
(v) Berechnung des CZT-Spektrums und des zugehörigen Maximums,
(vi) Wiederholung der Schritte (iii) bis (v), aber in Schritt (iii) und (iv) wird das FFT-Spektrum mit dem aktualisierten CZT-Spektrum aus Schritt (v) ersetzt;
(vii) Schritt (vi) wiederholen bis eine ausreichend hohe Frequenzauflösung erreicht wird.

Dieser Algorithmus ermöglicht theoretisch eine unendlich hohe Frequenzauflösung, während gleichzeitig die Rechneranforderungen gering gehalten werden. Um die Frequenzauflösung dieses Algorithmus mit der Frequenzauflösung der DFT zu vergleichen, wird eine konstante FFT-Größe von $N = K$ gewählt. Wenn der maximale Frequenzfehler der DFT der Frequenzabstand ist, folgt daraus, dass B_{CZT} gleich Δf_{DFT} ist und (4.14) ändert sich zu:

$$\Delta f_{\mathrm{CZT,FMCW}} = \frac{1}{N^2 t_{\mathrm{s}}}. \tag{4.16}$$

Jede Wiederholung w des iterativen CZT-Algorithmus steigert die Frequenzauflösung um

$$\Delta f_{\mathrm{CZT,FMCW,REP}} = \frac{1}{N^{(2+w)} t_{\mathrm{s}}}. \tag{4.17}$$

Daher kann sogar, wenn nur eine kurze FFT-Größe möglich ist (z.B. wenn ein Mikrocontroller verwendet wird), eine sehr hohe Frequenzauflösung erreicht werden.
Dennoch führt im Fall von systematischen Fehlern eine höhere Frequenzauflösung nicht automatisch zu einer höheren Entfernungsgenauigkeit [48]. In diesem Fall kann eine höhere Entfernungsgenauigkeit durch die zusätzliche Phasenauswertung erreicht werden oder mit einer modellbasierten Frequenzbestimmung die Störungen, die zu systematischen Fehlern führen, berücksichtigt (Abschnitt 4.3.4).

4.2.2 Phasenschätzung über Korrelation und über Chirp-z-Transformation

Um die Genauigkeit der Entfernungsmessung mit einem FMCW-Radar zu maximieren, wird zusätzlich zur Frequenz die Phase des ZF-Signals bestimmt (Abschnitt 2.1.1). Im Frequenzbereich kann die Phase über eine Korrelationsmethode [9] oder direkt aus dem komplexen Frequenzspektrum der CZT ermittelt werden. Eine dritte Methode mit Hilfe eines Least-Squares-Schätzers wird in Abschnitt 4.3.3 behandelt. Die Berechnung über die CZT benötigt insgesamt den geringsten Rechenaufwand, wenn die Frequenz auch über die CZT berechnet wird. In Einzelfällen, z.B. beim Algorithmus der Variation der Rampendauer (Abschnitt 4.2.3), kann es aber notwendig sein, die Korrelationsmethode zu verwenden. Im Nachfolgenden wird die CZT basierte Phasenschätzung mit der Korrelationsmethode zur Phasenschätzung verglichen. Beide Methoden verwenden das folgende diskrete Signalmodell:

$$x_{\mathrm{n}} = A\cos\left(2\pi f_{\mathrm{ZF,s}} n + \varphi_{\mathrm{ZF,s}}\right) \qquad \text{mit } f_{\mathrm{ZF,s}} = \frac{f_{\mathrm{ZF}}}{f_{\mathrm{s}}} \tag{4.18}$$

Da die Phase $\varphi_{\mathrm{ZF,s}}$ digital geschätzt wird, wird die folgende Analyse mit zeitdiskreten Signalen durchgeführt.
Die Korrelationsmethode zur Phasenschätzung berechnet das Produkt von (4.18) mit einer komplexen sinusförmigen Schwingung, deren Frequenz $\hat{f}_{\mathrm{ZF,s}}$ vorher z.B. mit dem CZT-Algorithmus bestimmt wird. Nachdem das Produkt berechnet ist, wird das Signal folgendermaßen aufsummiert:

$$s_{\mathrm{N}} = \sum_{n=0}^{N-1} x_{\mathrm{n}} \cdot e^{-j2\pi \hat{f}_{\mathrm{ZF,s}} n} \quad . \tag{4.19}$$

Der Einfluss von Fehlern der Frequenzschätzung auf die Phase wird in Abschnitt 3.1.4 behandelt. Wenn das Ergebnis der Frequenzschätzung $\hat{f}_{\mathrm{ZF,s}}$ als identisch mit der zu schätzenden Frequenz $f_{\mathrm{ZF,s}}$ angenommen wird, kann die Korrelation mit $f_{\mathrm{ZF,s}} = \hat{f}_{\mathrm{ZF,s}}$ weiter vereinfacht werden zu

$$\begin{aligned} s_{\mathrm{N}} &= \sum_{n=0}^{N-1} A \cos\left(2\pi f_{\mathrm{ZF,s}} n + \varphi_{\mathrm{ZF,s}}\right) e^{-j2\pi f_{\mathrm{ZF,s}} n} \\ &= \sum_{n=0}^{N-1} \frac{A}{2} e^{j\varphi_{\mathrm{ZF,s}}} \left(1 + e^{-j2\pi 2 f_{\mathrm{ZF,s}} n}\right) . \end{aligned} \tag{4.20}$$

Zusätzlich zur gewünschten Phaseninformation, existiert in (4.20) die Frequenz $2f_{\mathrm{ZF,s}}$, die bei diesem Algorithmus nicht vermieden werden kann. Die Gleichung wird mit Hilfe der Partialsumme über N Terme der geometrischen Reihe ausgewertet. Das Ergebnis ist

$$s_{\mathrm{N}} = \frac{A}{2} e^{j\varphi_{\mathrm{ZF,s}}} \left(N + \underbrace{\frac{1 - e^{-j4\pi f_{\mathrm{ZF,s}} N}}{1 - e^{-j4\pi f_{\mathrm{ZF,s}}}}}_{\text{systematischer Fehlerterm } \epsilon} \right) . \tag{4.21}$$

Der systematische Fehlerterm ϵ wird anschließend vereinfacht zu

$$\begin{aligned} \epsilon &= e^{-j2\pi f_{\mathrm{ZF,s}} (N-1)} \frac{e^{j2\pi f_{\mathrm{ZF,s}} N} - e^{-j2\pi f_{\mathrm{ZF,s}} N}}{e^{j2\pi f_{\mathrm{ZF,s}}} - e^{-j2\pi f_{\mathrm{ZF,s}}}} \\ &= e^{-j2\pi f_{\mathrm{ZF,s}} (N-1)} \frac{\sin\left(2\pi f_{\mathrm{ZF,s}} N\right)}{\sin\left(2\pi f_{\mathrm{ZF,s}}\right)} \quad . \end{aligned} \tag{4.22}$$

Dieser Term wird Null, wenn $f_{\mathrm{ZF,s}}N$ ein Integer-Wert ist, d.h. ein Vielfaches der Periode aufsummiert wird. Wenn der systematische Fehlerterm vernachlässigt wird, kann die Phase $\hat{\varphi}_{\mathrm{ZF,s}}$ berechnet werden:

$$\begin{aligned}\hat{\varphi}_{\mathrm{ZF,s}} &= \arg\left\{s_{\mathrm{N}}\right\} \\ &= \arctan\left(\frac{\sin(\varphi_{\mathrm{ZF,s}})}{\cos(\varphi_{\mathrm{ZF,s}})}\right) \\ &= \varphi_{\mathrm{ZF,s}} \quad .\end{aligned} \tag{4.23}$$

Im allgemeinen Fall $\epsilon \neq 0$, ist die Phase fehlerbehaftet.
Wenn die CZT für die Bestimmung der Phase des ZF-Signals verwendet wird, kann die Phase direkt aus dem komplexen Frequenzspektrum ermittelt werden. Der Algorithmus berechnet zuerst den Index des Maximums von (4.15):

$$k_{\max} = \mathrm{argmax}_{\mathrm{k}} \left|X_{\mathrm{k,CZT}}\right| \quad . \tag{4.24}$$

Zum Vergleich mit der Korrelationsmethode wird der Index $k_{\max}$ in die ursprüngliche Gleichung (4.15) des CZT-Algorithmus eingesetzt. Daraus resultiert

$$X_{\mathrm{k_{max},CZT}} = \sum_{n=0}^{N-1} x_{\mathrm{n}} \cdot e^{-j2\pi n\left(\frac{f_0 + B_{\mathrm{CZT}}\frac{k_{\max}}{K}}{f_{\mathrm{s}}}\right)} \quad . \tag{4.25}$$

Die von der CZT berechnete Frequenz ist $\hat{f}_{\mathrm{ZF,s}}$. Daher kann der Exponent vereinfacht werden zu

$$\hat{f}_{\mathrm{ZF,s}} = \frac{f_0 + B_{\mathrm{CZT}}\frac{k_{\max}}{K}}{f_{\mathrm{s}}}. \tag{4.26}$$

Wenn (4.26) in (4.25) eingesetzt wird, ergibt sich folgende Gleichung:

$$\begin{aligned}X_{\mathrm{k_{max},CZT}} &= \sum_{n=0}^{N-1} x_{\mathrm{n}} \cdot e^{-j2\pi \hat{f}_{\mathrm{ZF,s}} n} \\ &= s_{\mathrm{N}}.\end{aligned} \tag{4.27}$$

Es zeigt sich, dass die Berechnungen der Phase des ZF-Signals mit der CZT (4.27) und mit der Korrelationsmethode (4.19) zum gleichen Ergebnis führen. Im direkten Vergleich der beiden Methoden, ist es beim CZT Phasenalgorithmus nicht notwendig, ein Produkt mit (4.18) zu berechnen und das Ergebnis aufzusummieren (4.19). Deshalb ist der Rechenaufwand deutlich reduziert, wenn die CZT verwendet wird.

4.2.3 Genauigkeitsverbesserung durch Variation der Rampendauer

Bei der Bestimmung des Frequenzmaximums mit dem CZT-Algorithmus entstehen Fehler durch Spiegelfrequenzen [41, 8]. Die Stärke dieser Fehler hängt vom Abtastverhältnis (Abschnitt 4.1.3) und der Rampendauer ab. Durch komplexe ZF-Signale können diese Fehler vermieden werden. Wenn jedoch kein IQ-Radar vorhanden ist, ist das ZF-Signal reellwertig und es werden systematische Fehler verursacht. Eine Möglichkeit zur Kompensation dieser Fehler besteht darin, die Rampendauer zu variieren. Ein entsprechender Algorithmus wird in diesem Abschnitt gezeigt.

Einfluss der Spiegelfrequenz

Abbildung 4.12(a) zeigt die Auswertung einer typischen 61 GHz ISM Band Radarmessung mit den Einstellungen aus Tabelle 2.2. Der Messaufbau ist in Abbildung 3.17 gezeigt und die Messungen sind in einem Abstand von 1,0 m bis 1,01 m in 1 mm Schritten aufgenommen. Aus Abbildung 4.12 ist ersichtlich, dass die Entfernungsfehler für eine und hundert Messwiederholungen fast gleich sind. Daher ist die Genauigkeit nicht durch das SNR beschränkt und es ist nicht möglich, die Genauigkeit durch eine erhöhte Anzahl an Messwiederholungen zu verbessern. Des Weiteren ist auch keine kombinierte Frequenz- und Phasenauswertung möglich, weil einige der Entfernungsfehler größer als die notwendige Genauigkeit von $\frac{c_0}{4f\mathrm{min}}$ sind. Diese Fehler sind durch Kreise in Abbildung 4.12(b) markiert.
Um die Genauigkeit des Radars weiter zu steigern, muss die Herkunft der Beschränkung der Genauigkeit bestimmt werden. Deshalb wird eine neue Messung in einer Distanz von 1,0 m bis 2,0 m aufgenommen, aber anstatt eines Blackman-Fensters wird ein Rechteck-Fenster bei der Auswertung verwendet. Abbildung 4.13 zeigt die ermittelten Zwischenfrequenzen und Entfernungsfehler. Ein periodischer Fehler, der wie eine Schwingung über den Messpositionen aussieht, ist erkennbar. Die Rampendauer beträgt 0,2 ms und daraus folgt eine spektrale Auflösung von 5 kHz. Damit führt ein statisches Störziel (z.B. Mehrfachreflexionen) zu wiederholten Fehlern mit einer Frequenz von 5 kHz. Wenn die Störung durch die Spiegelfrequenz verursacht wird, verdoppelt sich die Häufigkeit der Störung, weil sich mit jeder Messposition beide spektrale Komponen-

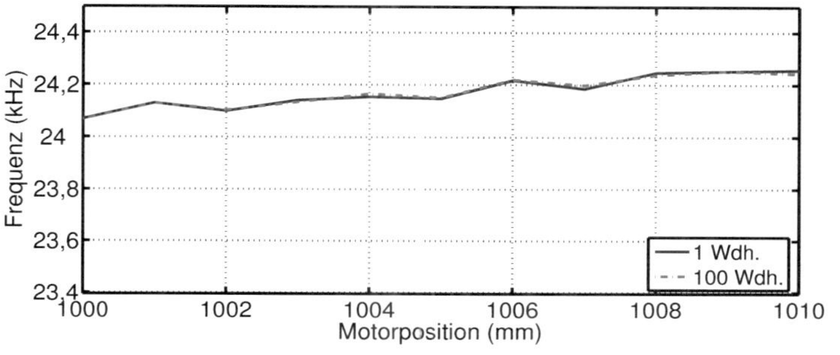

(a) Ermittelte ZF

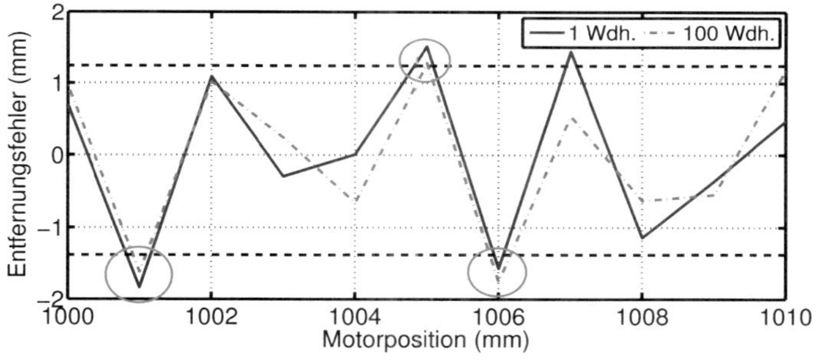

(b) Entfernungsfehler

Abbildung 4.12: Auswertung einer typischen 61 GHz ISM Band Radarmessung mit Blackman-Fenster [72] © 2015 IEEE.

ten aufeinander zu bewegen oder voneinander entfernen. Aus Abbildung 4.13 kann abgelesen werden, dass die Wellenlänge der Störung einer Distanz von 150 mm entspricht. Wenn diese Distanz in die Grundgleichung der ZF (2.4) eingesetzt wird, ergibt sich eine ZF von 2,5 kHz. Daher wird die periodische Störung von der Spiegelfrequenz verursacht. Abbildung 4.14 zeigt die Auswirkung der Spiegelfrequenz auf die ZF an einer willkürlich gewählten Messposition. Beide Nebenkeulen des Hauptmaximums weisen unterschiedliche Amplituden auf. Daraus lässt sich ableiten, dass wenn die Nebenkeulen durch die Spiegelfrequenz beeinflusst werden, auch das Hauptmaximum durch die Spiegelfrequenz beeinflusst wird. Folglich wird die Frequenz des Hauptmaximums leicht verschoben, wodurch ein systematischer Fehler bei der Entfernungsberechnung entsteht. In Messungen bewegt sich das Ziel und das Hauptmaximum wird je nach Überlagerung durch die Nebenkeulen der Spiegelfrequenz wechselweise minimal und maximal beeinflusst.

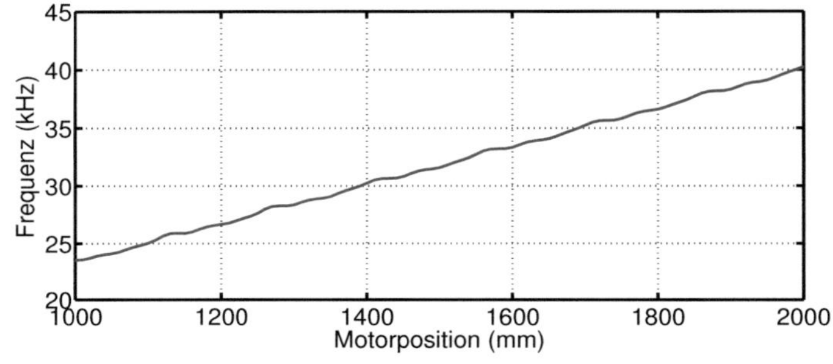

(a) Ermittelte ZF.

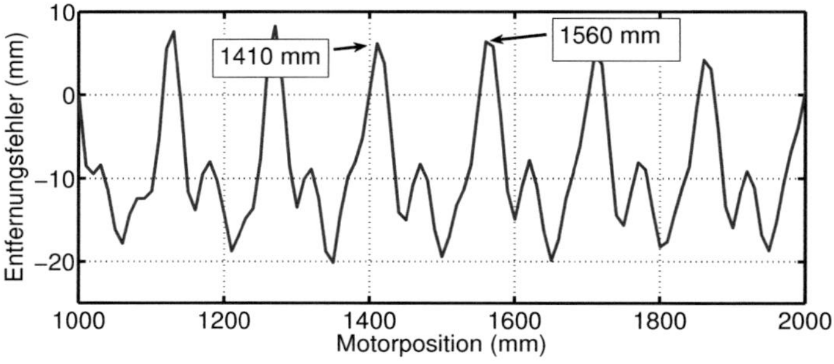

(b) Entfernungsfehler.

Abbildung 4.13: 61 GHz ISM Band Radarmessung. Auswertung bei Einsatz eines Rechteck-Fensters [72] © 2015 IEEE.

Algorithmus zur Variation der Rampendauer

Wie aus der Unschärferelation bekannt ist, verbessert sich die Frequenzauflösung mit der Beobachtungszeit [50]. Das bedeutet für die spektrale Schätzung, dass sich die Distanz zwischen den Nulldurchgängen verringert und die Nebenkeulen der Spiegelfrequenz stärker gedämpft sind. Dementsprechend ist der

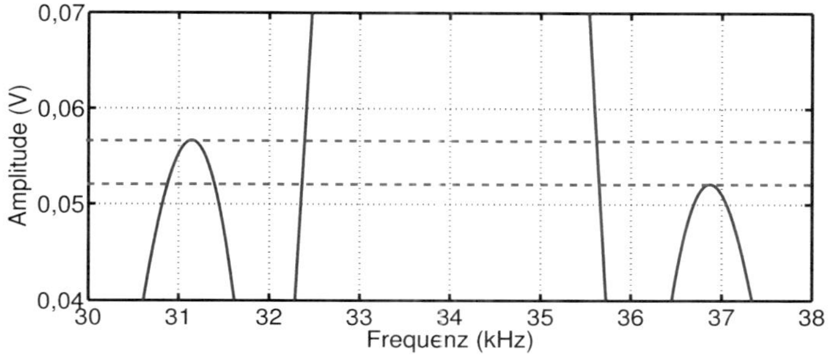

Abbildung 4.14: Auswirkung der Spiegelfrequenz auf die ZF an einer Messposition [72] © 2015 IEEE.

Einfluss von Spiegelfrequenzen und anderer Störungen auf die Genauigkeit verringert. Dieses Wissen kann verwendet werden, um die Frequenzschätzung zu verbessern.

Um die Genauigkeit der Frequenzauswertung und damit der Entfernungsgenauigkeit zu steigern, wird die Beobachtungszeit variiert, so dass die lokalen Minima der Nebenkeulen der Störungen ausgenutzt werden können. Abbildung 4.15 zeigt das Blockdiagramm des Algorithmus zur Variation der Rampendauer. Nach der A/D-Wandlung des ZF-Signals werden zwei ineinander verschachtelte Schleifen gestartet, welche stoppen, wenn eine vorher eingestellte Anzahl an Durchläufen verarbeitet ist (innere Schleife) und die Frequenz an jeder Position berechnet ist (äußere Schleife). Bei jedem Durchlauf der inneren Schleife wird ein Abtastwert des ZF-Signals entfernt, die ZF wird über die CZT bestimmt und für eine spätere Prozessierung gespeichert. Durch dieses Verfahren bleibt das physikalische Verhältnis zwischen Bandbreite und Rampendauer bestehen, aber die Rampendauer wird dennoch variiert. Das ist wichtig, da bei der Berechnung der groben Entfernung durch die Frequenzschätzwerte die physikalische Bandbreite verwendet wird. Ein weiterer Vorteil dieses Vorgehens ist, dass keine zusätzlichen Messungen erforderlich sind. Wenn die beiden Schleifen beendet sind, werden die vorher gespeicherten Frequenzen an jeder Position gemittelt. Um die korrekte Phase des ZF-Signals zu bestimmen, muss die Korrelationsmethode verwendet werden. Im Gegensatz zur Frequenzschätzung, ist eine ähnliche Mittelung der Phasen nicht möglich, weil die Phasen sich durch die Entfernung der Abtastwerte zufällig ändern. Die Phasen können in diesem

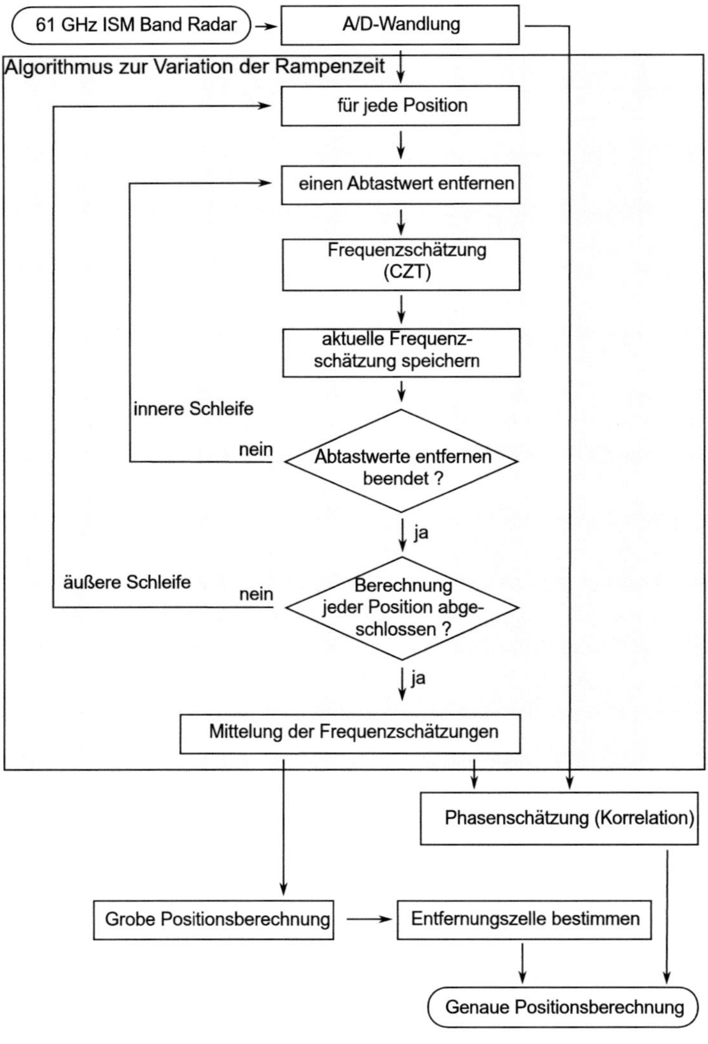

Abbildung 4.15: Blockdiagramm des Algorithmus zur Variation der Rampendauer [72] © 2015 IEEE.

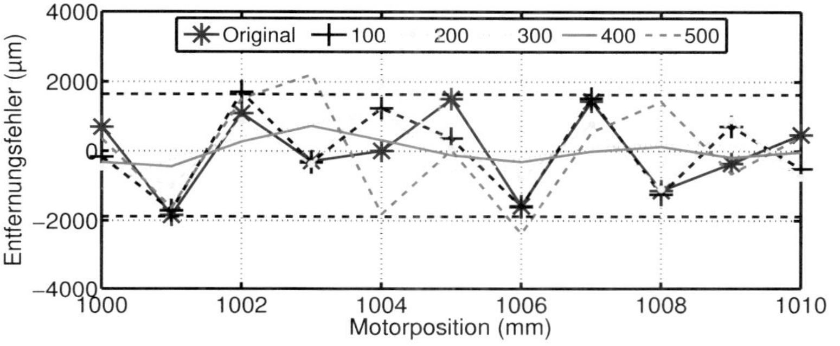

Abbildung 4.16: Einfluss der Variation der Rampendauer auf die Entfernungsgenauigkeit. In der Legende ist die Anzahl an entfernten Abtastwerten eingetragen. 61 GHz FMCW-Radar [72] © 2015 IEEE.

Fall folglich nicht mit dem CZT-Algorithmus, sondern ausschließlich über die Korrelationsmethode bestimmt werden. Zur Bestimmung der Phase mit der Korrelationsmethode werden das ursprüngliche Signal mit allen Abtastwerten und jeweils pro Position die gemittelten Frequenzen verwendet. Zusammenfassend reduziert der Algorithmus Störungen indem Abtastwerte aus dem ZF-Signal entfernt werden, wobei das Wissen über das Verhalten der Interferenz durch Spiegelfrequenzen genutzt wird.

Um die Funktionalität des Algorithmus zu demonstrieren, wird die Auswertung der Messung im Bereich von 1,00 m bis 1,01 m aus Abschnitt 4.2.3 wiederholt. Abbildung 4.16 zeigt den Entfernungsfehlers für verschiedene Anzahlen an entfernten Abtastwerten, wenn nur die grobe Entfernung über die Frequenz berechnet wird. Der Entfernungsfehler reduziert sich bis ein Minimum bei etwa 400 entfernten Abtastwerten erreicht wird. Wenn weitere Abtastwerte entfernt werden, verringert sich die Genauigkeit wieder, weil die verringerte Anzahl zur Verfügung stehender Abtastwerte und das reduzierte SNR die maximale Entfernungsgenauigkeit begrenzen, wie aus der CRB hervorgeht.

Abbildung 4.17 zeigt das Resultat des Algorithmus, wenn die Frequenz über 400 Schleifendurchläufe gemittelt wird und zusätzlich die Phase ausgewertet wird. Eine Entfernungsgenauigkeit von $\pm$ 20 µm wird erreicht, was einer Verbesserung der Genauigkeit um einen Faktor 100 entspricht.

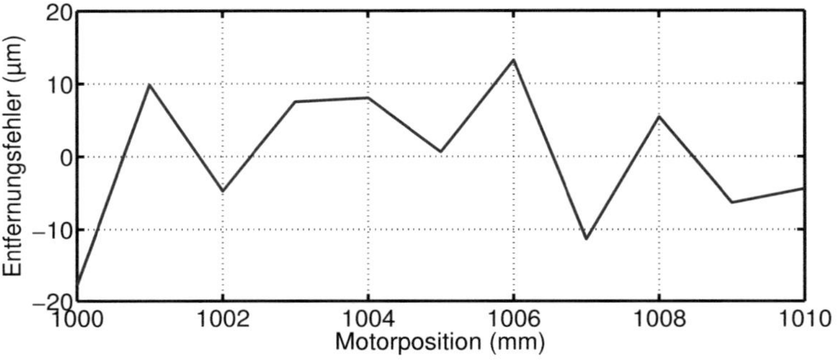

Abbildung 4.17: Entfernungsfehler für eine Messung im Freiraum, wenn der Algorithmus zur Variation der Rampendauer und die zusätzliche Phasenauswertung eingesetzt werden [72] © 2015 IEEE.

4.3 Modellbasierte Entfernungsbestimmung und Zeitbereichsschätzung

Neben den bisher vorgestellten, auf der Fourier-Transformation basierten Frequenzschätzern in Abschnitt 4.2, ist es auch möglich, die Frequenz des ZF-Signals mit modellbasierten Schätzern zu bestimmen. Es wird in diesem Abschnitt zwischen Parameterschätzern und Zeitbereichsschätzern unterschieden, wobei beide Methoden unter dem Begriff modellbasierte Schätzer zusammengefasst sind.

Parameterschätzer benötigen als Vorwissen über das ZF-Signal die Anzahl der zu schätzenden Frequenzen bzw. Radarziele. Durch dieses Vorwissen ist es möglich, mit der gleichen Bandbreite eine höhere Entfernungsauflösung als mit Frequenzschätzern zu erzielen. Bei Modellabweichungen durch Störungen verlieren diese Art von Schätzern allerdings stark an Genauigkeit. Gängige Parameterschätzmethoden fassen die Frequenzbestimmung als Eigenwertproblem auf oder maximieren die Likelihood-Funktion. Eine genaue Analyse der Verfahren wird in Abschnitt 4.3.1 durchgeführt.

Unter Zeitbereichsschätzern werden in dieser Arbeit Schätzmethoden verstanden, die die Frequenz des ZF-Signals im Zeitbereich direkt nach der A/D-Wandlung ohne vorherige Fourier-Transformation bestimmen. Einer der Vorteile dieser Schätzmethoden ist, dass Störungen des Signals in einem Modell mitberücksichtigt werden können. Dadurch kann die Genauigkeit der Entfernungsmessung auch bei nicht-weißen, bzw. nicht-mittelwertfreien Störungen verbessert werden. In [41] sind folgende Zeitbereichsschätzer untersucht: Der Nullstellenzähler, der rekursive Least-Squares-Schätzer, der schnelle Sinusschätzer, das adaptive Notchfilter, das EKF und der NLLS. Für die Anwendung im FMCW-Radar können bereits durch einfache Simulationen alle Schätzer bis auf das EKF und den NLLS ausgeschlossen werden, da die anderen Zeitbereichsschätzer häufig sehr hohe Abweichungen bei Störsignalen oder ungünstigen Anfangsbedingungen aufweisen. Daher wird in Abschnitt 4.3.2 nur auf die Modelle zur Frequenzschätzung mit dem EKF und dem NLLS eingegangen.

4.3.1 Entfernungsbestimmung mit Parameterschätzern

Auf Grund der Empfindlichkeit von Parameterschätzern gegenüber Störsignalen und Verzerrungen der Sinusform des ZF-Signals durch Nichtlinearitäten, eignen sich Parameterschätzer nicht für Entfernungsmessungen mit hoher Genauigkeit im Mikrometerbereich [31, 5]. Es bietet sich allerdings an, diese Schätzer zu verwenden, wenn eine Entfernungsmessung mit anderen Schätzmethoden nicht möglich ist. In Industrieanwendungen ist es häufig notwendig, sehr dicht beieinander liegende Ziele zu trennen, wobei die Entfernungsauflösung des Radars der begrenzende Faktor ist. Bei Auswerteverfahren, die die Fourier-Transformation einsetzen wird die Entfernungsauflösung Δr durch die verfügbare Bandbreite limitiert:

$$\Delta r = \frac{c_0}{2B} \quad . \tag{4.28}$$

Eine beliebige Vergrößerung der Bandbreite ist auf Grund von gesetzlichen Bestimmungen nicht möglich. Abbildung 4.18 zeigt die FFT einer FMCW-Radarmessung mit dem 120 GHz FMCW-Radar im ISM Band, wenn zwei Ziele sehr dicht beieinander platziert werden. Es wird ersichtlich, dass es bereits für Distanzen von 200 mm kaum noch möglich ist, zwischen den beiden Zielen zu unterscheiden. Zur Verbesserung der Entfernungsauflösung, ohne die Bandbreite zu erhöhen, können Algorithmen eingesetzt werden, die Vorwissen, wie z.B. die Anzahl der Ziele und die daraus resultierende Modellordnung, verwenden. Für Kanalmessungen und Direction of Arrival (DoA)-Messungen werden entsprechende hochauflösende (engl. *super resolution*) Algorithmen (MUSIC, ESPRIT) bereits zur Auswertung von Messdaten eingesetzt [86, 77]. In [2] wird der MUSIC-Algorithmus eingesetzt, um mehrschichtige, dielektrische Strukturen mit einer Schichtdicke in der Größenordnung der Grenze der Entfernungsauflösung der Fourier-Transformation zu unterscheiden. Ein weiterer Algorithmus, der zur Verbesserung der Entfernungsauflösung eingesetzt werden kann, ist der Expectation-Maximization (EM)-Algorithmus [30].

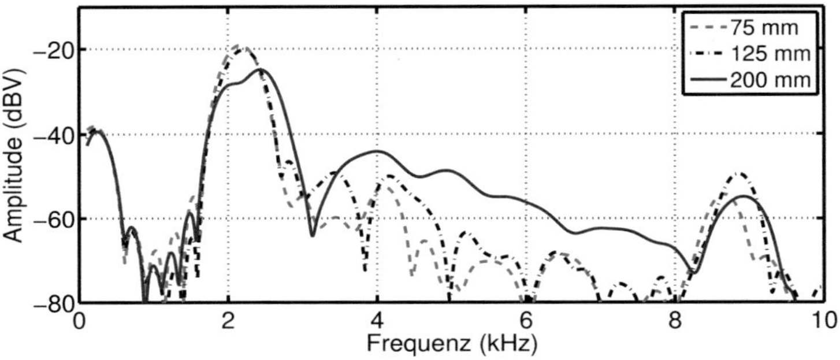

Abbildung 4.18: FFT einer FMCW-Radarmessung mit zwei Zielen bei unterschiedlichen Abständen zwischen den Zielen. Beide Ziele sind kaum unterscheidbar bei einer Distanz von 200 mm (1 GHz verfügbare Bandbreite, Hann-Fenster) [73] © 2016 IEEE.

FMCW-Signalmodell für Parameterschätzer

Die Parameterschätzer benötigen zur Detektion von Frequenzen ein Signalmodell. Wenn M Ziele ein FMCW-Radarsignal zurückstreuen, entsteht eine Superposition $x_\mathrm{M}(t)$ von M Sinussignalen mit unterschiedlichen Zwischenfrequenzen:

$$x_\mathrm{M}(t) = \sum_{m=1}^{M} A_\mathrm{ZF,m} e^{2\pi j (f_\mathrm{ZF,m} t + \varphi_\mathrm{ZF,m})} + W(t) \tag{4.29}$$

wobei $W(t)$ komplexes, weißes Rauschen mit der Varianz σ^2 ist. In (4.29) wird ein komplexes Signal angenommen, da Spiegelfrequenzen und die Berechnung durch die Parameterschätzer vermieden werden. Bei der praktischen Umsetzung sollte daher ein FMCW-Radar mit IQ-Empfänger eingesetzt werden.
Zur Bestimmung der Frequenzen und folglich der Zielpositionen können Maximum-Likelihood Verfahren verwendet werden, die rechenintensiv sind, aber eine höhere Robustheit unter niedrigen SNR-Verhältnissen aufweisen verglichen

mit Unterraum-Techniken [29]. Da ein direkter Maximum-Likelihood Ansatz nicht praktikabel ist, wenn keine geschlossene Lösung existiert, werden EM-Algorithmen eingesetzt [48]. Eine Weiterentwicklung des EM-Algorithmus ist der Space-Alternating Generalized Expectation Maximization (SAGE)-Algorithmus [35], der eine schnellere Konvergenz der Maximum-Likelihood Schätzung ermöglicht.
Zur Berechnung der Maximum-Likelihood Funktion, wird die Wahrscheinlichkeitsdichte ρ des Signalmodells (4.29) bestimmt:

$$\begin{aligned}\rho(S) =&\frac{1}{(\sqrt{2\pi\sigma^2})^N}\cdot\\ &\exp\left(-\frac{1}{2\sigma^2}\sum_{n=1}^{N}\left|x_\mathrm{s}(n)\right.\right.\\ &\left.\left.-\sum_{m=1}^{M}A_{\mathrm{ZF,m}}e^{2\pi j(f_{\mathrm{ZF,m}}n+\varphi_{\mathrm{ZF,m}})}\right|^2\right),\end{aligned} \tag{4.30}$$

wobei x_s die Abtastwerte sind. Daraus folgen die wichtigsten Terme für die Log-Likelihood Funktion

$$\begin{aligned}L_\mathrm{s} =&-\frac{N}{2}\sigma^2\cdot\\ &-\frac{1}{2\sigma^2}\sum_{n=1}^{N}\left|s(n)-\sum_{m=1}^{M}A_{\mathrm{ZF,m}}e^{2\pi j(f_{\mathrm{ZF,m}}n+\varphi_{\mathrm{ZF,m}})}\right|^2.\end{aligned} \tag{4.31}$$

Um den Maximum-Likelihood Schätzer zu finden, muss die Log-Likelihood Funktion maximiert werden, was äquivalent ist zum Minimieren von

$$\sum_{n=1}^{N}\left|s(n)-\sum_{m=1}^{M}A_{\mathrm{ZF,m}}e^{2\pi j(f_{\mathrm{ZF,m}}n+\varphi_{\mathrm{ZF,m}})}\right|^2. \tag{4.32}$$

Die Schätzwerte der unbekannten Parameter, d.h. $A_{\mathrm{ZF,m}}$, $f_{\mathrm{ZF,m}}$ und $\varphi_{\mathrm{ZF,m}}$, werden mit Hilfe des SAGE-Algorithmus wie beschrieben in [35] ermittelt.

Einfluss von Modellfehlern auf Entfernungsfehler

Wenn die Signale der zu trennenden Ziele eine hohe Korrelation aufweisen, ist eine Auflösung der einzelne Ziele schwierig mit Parameterschätzern zu erreichen [89] und es sind für das Problem spezialisierte Lösungen notwendig [34]. In [81, 62, 38] wird die Anwendung von Parameterschätzern mit Zustandsraummethoden für FMCW-Radare untersucht. Darin wird gezeigt, dass die Bestimmung der Modellordnung schwierig ist, da gemessene Signale häufig gestört sind und statistische Kriterien wie das Akaike Information Criterion [7] diese Störungen nicht bei der Bestimmung der Modellordnung mitberücksichtigen. Daher wird in [38] ein Algorithmus zur Bestimmung der Modellordnung für FMCW-Radare entwickelt, der aber zu rechenintensiv ist, so dass er keine weite Verbreitung gefunden hat. Zur Analyse des Einflusses von Modellfehlern auf die Genauigkeit des SAGE-Algorithmus werden Matlab Simulationen durchgeführt. Die Simulationsparameter sind in Tabelle 2.4 aufgeführt und entsprechen den Radareinstellungen des 122 GHz FMCW-Radars, das für die messtechnische Verifikation verwendet wird. Ein SNR von 30 dB am Radarempfänger wird für die Simulation gewählt. Zwei Ziele mit gleicher Amplitude werden in einem Abstand von 200 mm positioniert. Eines der Ziele wird variables Ziel genannt und in Richtung des statischen Ziels in 1 mm Schritten bewegt. Eine Monte-Carlo-Simulation wird durchgeführt, um den Einfluss zusätzlicher Störziele, die zufällig zwischen 0 mm und 200 mm platziert werden, zu analysieren. In der Simulation nimmt der Algorithmus immer eine Modellordnung von 2 an, d.h. das statische und das variable Ziel. Die Amplituden der Störziele sind um 20 dB niedriger gewählt als die Amplituden der zwei eigentlichen Ziele entspre-

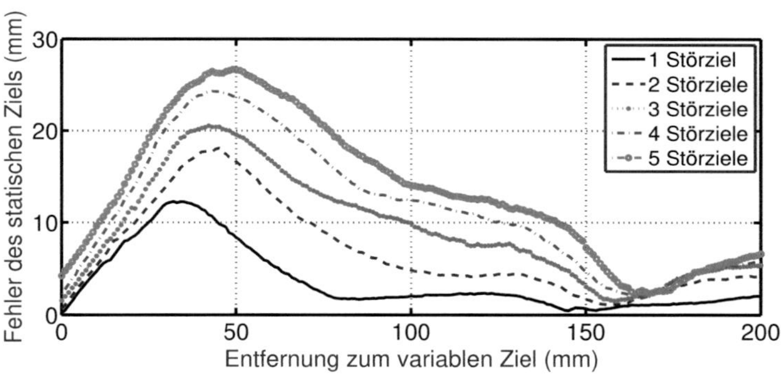

Abbildung 4.19: Simulierte Fehler des statischen Ziels, wenn zwei Ziele mit variablem Abstand simuliert werden und zusätzliche Störziele, die dem Schätzer unbekannt sind, auftreten [73] © 2016 IEEE.

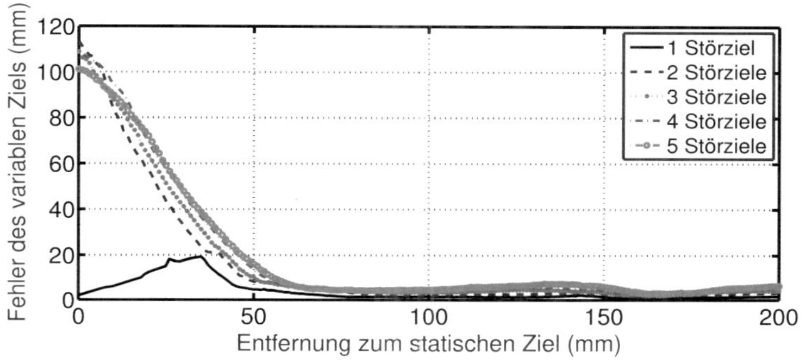

Abbildung 4.20: Simulierte Fehler des variablen Ziels, wenn zwei Ziele mit variablem Abstand simuliert werden und zusätzliche Störziele, die dem Schätzer unbekannt sind, auftreten [73] © 2016 IEEE.

chend Abbildung 4.18. Abbildung 4.19 und Abbildung 4.20 zeigen die Resultate der Simulation. Es wird ersichtlich, dass sogar wenn die Modellordnung von der realen Anzahl an Zielen um 5 Ziele abweicht, der maximale Fehler nicht größer als 30 mm für jedes Ziel bis zu einem Abstand der Ziele von 50 mm wird. Wenn die Ziele einen Abstand von weniger als 50 mm besitzen, steigen die Entfernungsfehler stark an. Aus der Simulation folgt, dass verglichen mit der Entfernungsauflösung der Fourier-Transformation von 150 mm, die Entfernungsauflösung mit dem SAGE Algorithmus um den Faktor 3 bis 4 gesteigert werden kann.

Messtechnische Verifikation der Entfernungsbestimmung mit Parameterschätzern

Für die messtechnische Verifikation der Entfernungsbestimmung mit Parameterschätzern wird das 122 GHz FMCW-Radar aus Abschnitt 2.2.4 eingesetzt. Da das Radar über einen IQ-Empfänger verfügt, ist es möglich, komplexe Funktionen bei der Signalauswertung zu verwenden und Spiegelfrequenzen zu vermeiden, wodurch die minimal notwendige Modellordnung reduziert wird. In der Folge wird auch der Rechenaufwand des SAGE-Algorithmus reduziert. Abbildung 4.21 zeigt den Messaufbau zur Entfernungsbestimmung mit dem SAGE-Algorithmus. Zwei Metallplatten werden als Ziele in der Messung verwendet.

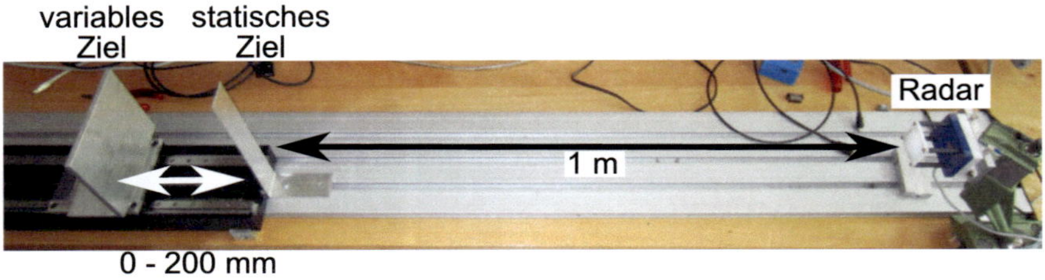

Abbildung 4.21: Messaufbau zur Entfernungsbestimmung mit Parameterschätzern, 122 GHz FMCW-Radar [73] © 2016 IEEE.

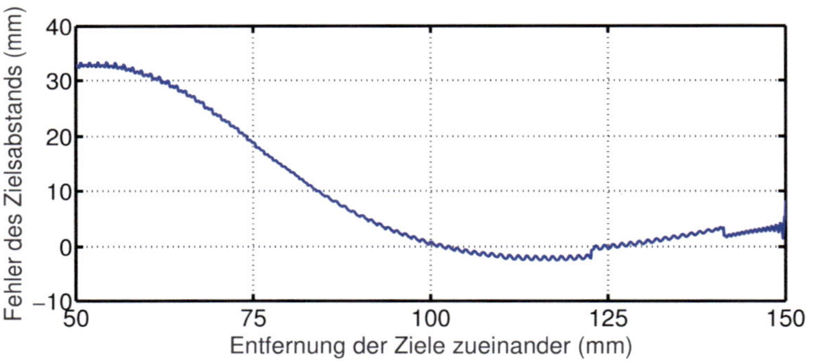

Abbildung 4.22: Entfernungsfehler des Abstandes der Ziele zueinander bei Auswertung mit SAGE und 200 Messwiederholungen, 122 GHz FMCW-Radar [73] © 2016 IEEE.

Das statische Ziel befindet sich in einem Abstand von 1,0 m zum Radar. Das variable Ziel ist auf einem Linearmotor befestigt und kann in einer Entfernung zwischen 1,0 m und 1,2 m zum Radar bewegt werden. Nach (4.28) ist es nicht möglich, beide Ziele unterhalb eines Abstandes von 150 mm mit einem auf der Fourier-Transformation basierten Algorithmus bei der gegebenen Bandbreite von 1 GHz zu unterscheiden. In der Messung wird das variable Ziel mit 0,1 mm Schritten in Richtung des statischen Ziels bewegt. Wenn der SAGE-Algorithmus direkt angewendet wird, ist es möglich beide Ziele voneinander zu trennen. Da die Ziele jedoch sehr dicht beieinander sind, zeigen sie eine starke Korrelation, die zu einer hohen Varianz der Entfernungsgenauigkeit führt. Daher ist es notwendig, den SAGE-Algorithmus über 200 Radaraufnahmen pro

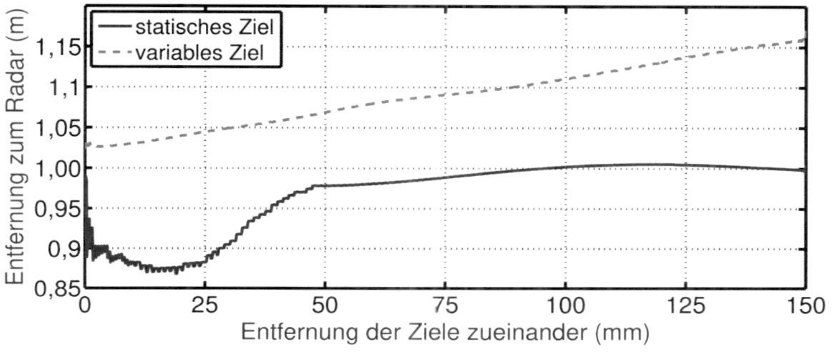

Abbildung 4.23: Ermittelte Entfernungen des SAGE-Algorithmus bei Messungen mit dem 122 GHz FMCW-Radar [73] © 2016 IEEE.

Position laufen zu lassen. Der Entfernungsfehler des Abstandes der Ziele zueinander ist in Abbildung 4.22 gezeigt. Der berechnete Fehler der Zielabstände bleibt bis zu einem Abstand von etwa 100 mm unter 5 mm bevor die Fehler kontinuierlich ansteigen. Abbildung 4.23 zeigt den gemessenen Abstand beider Ziele zum Radar. Bis zu einer Distanz von 50 mm der Ziele zueinander, ist es möglich beide Entfernungen mit einem akzeptablen Entfernungsfehler zu bestimmen, bevor die Fehler stark ansteigen. Die Messungen bestätigen die Simulation und zeigen, dass die Entfernungsauflösung durch Parameterschätzer um einen Faktor 3 gesteigert werden kann im Vergleich zu Algorithmen, die auf der Fourier-Transformation basieren.

4.3.2 Frequenzschätzung im Zeitbereich

In diesem Abschnitt wird das EKF und der NLLS beschrieben, sowie ein Vergleich mit der erzielbaren Genauigkeit dieser Zeitbereichsschätzer und der CZT durchgeführt. Durch die Zeitbereichsschätzer wird es möglich Störungen, wie z.B. Mehrfachreflexionen, bei der Schätzung mit zu berücksichtigen und die Genauigkeit der Frequenzschätzung zu verbessern.

Erweitertes Kalman-Filter (EKF)

Das Kalman-Filter ist ein Filter zur Echtzeitbestimmung von Signalparametern. Es findet hauptsächlich Anwendung in der Lokalisierung sich bewegender Objekte und zeichnet sich durch seine schnelle Reaktionszeit bzw. Konvergenzverhalten aus. Kalman-Filter besitzen die Fähigkeit in Echtzeit zwischen Messdaten und Systemmodell abzuwägen und bei hohen Messstörungen auf die internen Systemgleichungen zurückzugreifen bzw. sich bei geringen Messfehlern auf die Messdaten zu verlassen. Wenn die Schätzung eines linearen Systems durchgeführt wird, ist das allgemeine Kalman-Filter ausreichend. Handelt es sich dagegen um ein nichtlineares Modell, wie beispielsweise eine sinusförmige Schwingung, dann muss das EKF verwendet werden.
Die Grundgleichungen K_{G} des Kalman-Filters sind ausführlich in der Literatur erklärt (z.B. [61]). Daher werden nur die notwendigen Gleichungen für eine Ableitung der Frequenzschätzung des FMCW-Radars mit einem EKF beschrieben. Der Kern des Kalman-Filters wird durch das Systemmodell gebildet, das die zeitliche Änderung der Zustände des Systems beschreibt und darauf aufbauend eine Zustandsvorhersage treffen kann. Die Systemmatrix Ψ beschreibt den Übergang von einem zeitdiskreten Zustand $\gamma(n)$ zum nächsten Zustand $\gamma(n+1) = \Psi \cdot \gamma(n)$ und kann dadurch auf Grundlage des Systemmodells eine Prädiktion durchführen. Das Schema des Kalman-Filters ist in Abbildung 4.24 dargestellt, wobei z^{-1} eine Verzögerung um einen zeitdiskreten Schritt darstellt. Das Filter versucht mit Hilfe der Systemmatrix Ψ eine Prädiktion des Zustands $\gamma^*(n)$ zu generieren und mit Hilfe der Messdaten $x_{\mathrm{s}}(n)$ eine Korrektur und verbesserte Schätzung $\hat{\gamma}(n)$ zu erreichen. Im nichtlinearen Fall muss die Systemmatrix durch Linearisierung um den aktuellen Arbeitspunkt bestimmt werden. Es sei $\gamma(n+1) = f(\gamma(n))$, dann ist die Jacobi-Matrix $J = \frac{\partial f(\gamma)}{\partial \gamma}$ die Linearisierung 1. Ordnung des Systemmodells. Im Falle von zwei Zustandsgrößen $\vec{\gamma} = (\gamma_1, \gamma_2)^T$ ergibt sich für J:

$$J = \frac{\partial f(\gamma)}{\partial \gamma} = \begin{pmatrix} \frac{\partial \dot{\gamma}_1}{\partial \gamma_1} & \frac{\partial \dot{\gamma}_1}{\partial \gamma_2} \\ \frac{\partial \dot{\gamma}_2}{\partial \gamma_1} & \frac{\partial \dot{\gamma}_2}{\partial \gamma_2} \end{pmatrix} \quad . \tag{4.33}$$

Mittels Taylorreihenentwicklung, die nach dem linearen Term abgebrochen wird, ergibt sich für die Systemmatrix die Berechnungsvorschrift:

$$\Psi = I + J \cdot t = I + \frac{\partial f(\gamma)}{\partial \gamma} \cdot t \quad , \tag{4.34}$$

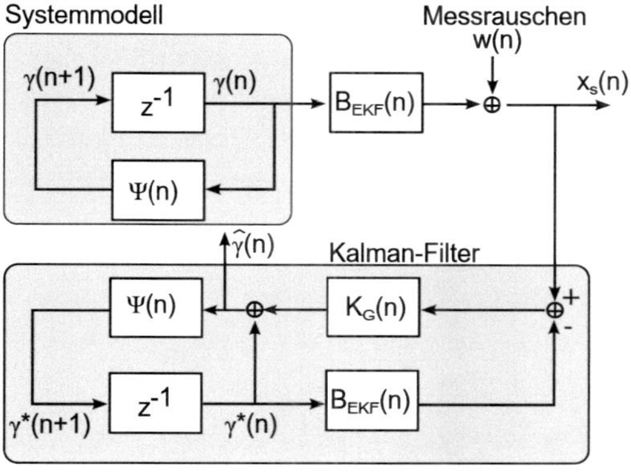

Abbildung 4.24: Schema des linearen Kalman-Filters [41].

wobei I die Einheitsmatrix bezeichnet. Neben der Systemmatrix muss auch die Beobachtungsmatrix B_{EKF} linearisiert werden. Diese Matrix beschreibt den Zusammenhang zwischen den Zustandsgrößen γ des Systemmodells und den tatsächlichen Messdaten x_{s} durch $x_{\mathrm{s}}(n) = B_{\mathrm{EKF}}(n) \cdot \gamma(n)$. Für den Fall, dass der Zustandsvektor γ die Messungen x_{s} nicht direkt als Element enthält, muss eine Linearisierung durchgeführt werden. Für das EKF wird dann zur Berechnung der Kalman-Verstärkung lediglich die linearisierte Matrix $B_{\mathrm{EKF,lin}}$ verwendet. Für den Fall $x_{\mathrm{s}} = (x_{\mathrm{s},1}, x_{\mathrm{s},2})^T$ und $\gamma = (\gamma_1, \gamma_2)^T$ gilt dann:

$$B_{\mathrm{EKF,lin}} = \frac{\partial x}{\partial \gamma} = \begin{pmatrix} \frac{\partial x_{\mathrm{s},1}}{\partial \gamma_1} & \frac{\partial x_{\mathrm{s},1}}{\partial \gamma_2} \\ \frac{\partial x_{\mathrm{s},2}}{\partial \gamma_1} & \frac{\partial x_{\mathrm{s},2}}{\partial \gamma_2} \end{pmatrix} \quad . \tag{4.35}$$

Für das FMCW-Radar wird als Signalmodell das allgemeinen Signalmodell eines Sinussignals $x(t) = A \sin(\omega_{\mathrm{ZF}} t + \varphi_{\mathrm{ZF}}) = A \sin(\Phi_{\mathrm{ZF}})$ verwendet, wobei ω_{ZF} die Kreisfrequenz der ZF ist. Um die System- und Beobachtungsmatrix Ψ bzw. $B_{\mathrm{EKF,lin}}$ bestimmen zu können, muss zunächst der Zustandsvektor $\vec{\gamma}$ definiert werden. Der Zustandsvektor muss alle Parameter enthalten, die notwendig sind, um die zeitliche Dynamik des vorliegenden Systems zu beschreiben. Für das vorliegende Signalmodell lautet der Zustandsvektor:

$$\vec{\gamma} = \begin{pmatrix} \Phi & \omega & A \end{pmatrix}^T \quad . \tag{4.36}$$

Die Systemmatrix Ψ lässt sich wie in (4.34) beschrieben bestimmen. An dieser Stelle muss aber Vorwissen über das zeitliche Verhalten des Systems eingebracht werden. Es wird zunächst eine sinusförmige Schwingung mit konstanter Frequenz, Phase und Amplitude modelliert. Es ist allerdings auch möglich, ein anderes Verhalten zu modellieren, indem mehrere Schwingungen unterschiedlicher Frequenz angenommen werden [41]. Für den einfachen Fall einer einzigen Schwingung ergeben sich folgende Zustandsgleichungen:

$$\Phi_{\mathrm{ZF}} = \omega_{\mathrm{ZF}} t + \varphi_{\mathrm{ZF}}, \quad \dot{\Phi}_{\mathrm{ZF}} = \omega_{\mathrm{ZF}}, \quad \dot{\omega}_{\mathrm{ZF}} = 0, \quad \dot{A} = 0 \quad . \tag{4.37}$$

$$\begin{aligned}\Psi = I + \begin{pmatrix} \frac{\partial \dot{\Phi}_{\mathrm{ZF}}}{\partial \Phi_{\mathrm{ZF}}} & \frac{\partial \dot{\Phi}_{\mathrm{ZF}}}{\partial \omega_{\mathrm{ZF}}} & \frac{\partial \dot{\Phi}_{\mathrm{ZF}}}{\partial A} \\ \frac{\partial \dot{\omega}_{\mathrm{ZF}}}{\partial \Phi_{\mathrm{ZF}}} & \frac{\partial \dot{\omega}_{\mathrm{ZF}}}{\partial \omega_{\mathrm{ZF}}} & \frac{\partial \dot{\omega}_{\mathrm{ZF}}}{\partial A} \\ \frac{\partial \dot{A}}{\partial \Phi_{\mathrm{ZF}}} & \frac{\partial \dot{A}}{\partial \omega_{\mathrm{ZF}}} & \frac{\partial \dot{A}}{\partial A} \end{pmatrix} t = I + \begin{pmatrix} 0 & 1 & 0 \\ 0 & 0 & 0 \\ 0 & 0 & 0 \end{pmatrix} t \\ = \begin{pmatrix} 1 & t & 0 \\ 0 & 1 & 0 \\ 0 & 0 & 1 \end{pmatrix} \quad .\end{aligned} \tag{4.38}$$

Die linearisierte Beobachtungsmatrix wird nach (4.35) bestimmt zu:

$$\begin{aligned} B_{\mathrm{EKF,lin}} = \frac{\partial x}{\partial \gamma} &= \begin{pmatrix} \frac{\partial x}{\partial \Phi_{\mathrm{ZF}}} & \frac{\partial x}{\partial \omega_{\mathrm{ZF}}} & \frac{\partial x}{\partial A} \end{pmatrix} \\ &= \begin{pmatrix} A\cos(\Phi_{\mathrm{ZF}}) & 0 & \sin(\Phi_{\mathrm{ZF}}) \end{pmatrix} \quad . \end{aligned} \tag{4.39}$$

Das Kalman-Filter muss durch geeignete Anfangswerte initialisiert werden. Für jedes Element des Zustandsvektors $\vec{\gamma}$ muss sowohl ein Anfangswert für das Element selbst, als auch für dessen Fehlerkovarianz angegeben werden. Diese Kovarianzen legen fest, wie stark sich die Parameter zu Beginn ändern können. Die Wahl der Kovarianz hängt sowohl von der Größenordnung des Parameters als auch von der Vorkenntnis ab: Ist beispielsweise bekannt, dass der Anfangswert für die Amplitude sehr nahe beim tatsächlichen Wert liegt, kann die Fehlerkovarianz für die Amplitude klein gewählt werden. Im umgekehrten Fall muss eine hohe Kovarianz eingestellt werden, damit der Schätzer konvergieren kann.

In der Praxis kann sich die Wahl der Parameter als schwierig herausstellen, weil oftmals keine Kenntnis über das Signal vorhanden ist. Die Initialisierung der Amplitude wird dadurch erleichtert, dass das Signal vor der Schätzung auf sein Maximum normiert wird, während der Anfangswert der Amplitude auf 0 gesetzt wird. Mit einer initialen Fehlerkovarianz der Amplitude von 1 ist für praktische Anwendungen ein robustes Konvergenzverhalten gewährleistet. Für die Phase des Signals genügt eine initiale Fehlerkovarianz von 0,01, weil das Kalman-Filter auch negative Amplituden schätzen kann und der Schätzwert der Phase daher im Bereich $0 \leq \varphi \leq \pi$ liegt. Die Frequenz des Signals wird im Bereich 1 kHz $\leq f \leq$ 100 kHz angenommen. Mit einer initialen Frequenz von 40 kHz und einer Fehlerkovarianz von 200 kHz^2 ist eine ausreichend genaue Frequenzschätzung im gesamten Frequenzbereich möglich. Ist der Bereich der Frequenz allerdings bereits im Voraus besser bekannt, kann die Genauigkeit der Schätzung durch Anpassung des Anfangswerts der Frequenz erhöht werden. Auch ohne Vorkenntnis kann eine Grobdetektion der Frequenz erfolgen, um den Anfangswert der Frequenz zu initialisieren. Dies kann beispielsweise mit dem Kalman-Filter selbst erfolgen, indem dieser zweimal hintereinander ausgeführt und die Schätzung für die Frequenz im ersten Durchlauf als Anfangsfrequenz des zweiten Durchlaufs verwendet wird. Für komplexere Systemmodelle wie in Abschnitt 4.3.4 wird das Kalman-Filter jedoch schwierig zu initialisieren, weil die Zahl der Parameter ansteigt und sich das Konvergenzverhalten des EKFs verschlechtert. In diesem Fall sollte auf den NLLS zurückgegriffen werden, weil dieser keine Initialisierung der Fehlerkovarianz benötigt.

Nichtlinearer Least-Squares-Schätzer (NLLS)

Zur Schätzung von Frequenz, Phase, Amplitude und Offset eines Sinussignals kann ein NLLS unter Verwendung des Gauß-Newtonschen Minimierungsalgorithmus eingesetzt werden. Least-Squares-Schätzer wie der NLLS zeichnen sich dadurch aus, dass sie den quadratischen Fehler zwischen tatsächlichem Verlauf und geschätztem Verlauf minimieren. Durch den quadratischen Fehler als Gütemaß werden große Abweichungen durch die Quadrierung stärker gewichtet und geringe Abweichungen entsprechend schwächer. Für eine eindimensionale Funktion $y(n)$, die durch das Modell $m(n)$ approximiert wird, lässt sich der quadratische Fehler ε für N Abtastwerte schreiben als:

$$\varepsilon^2 = \sum_{n=0}^{N-1} (y(n) - m(n))^2 = \vec{q}^T \cdot \vec{q} \quad . \tag{4.40}$$

mit dem Fehlervektor $\vec{q}$:

$$\vec{q} = \begin{pmatrix} y(0) - m(0) \\ y(1) - m(1) \\ \dots \\ y(N-1) - m(N-1) \end{pmatrix} \quad . \tag{4.41}$$

Das Signalmodell $m(n)$ besteht aus Basisfunktionen $\xi(n)$ und den zu schätzenden Parametern θ, die die Basisfunktionen gewichten. Ein lineares Signalmodell sieht allgemein folgendermaßen aus:

$$\begin{pmatrix} y(0) \\ y(1) \\ \dots \\ y(N-1) \end{pmatrix} = \begin{pmatrix} \xi_1(0) & \xi_2(0) & \dots & \xi_{\mathrm{h}}(0) \\ \xi_1(1) & \xi_2(1) & \dots & \xi_{\mathrm{h}}(1) \\ \dots & \dots & \dots & \dots \\ \xi_1(N-1) & \xi_2(N-1) & \dots & \xi_{\mathrm{h}}(N-1) \end{pmatrix} \cdot \begin{pmatrix} \theta_1 \\ \theta_2 \\ \dots \\ \theta_{\mathrm{h}} \end{pmatrix} + \vec{q} \quad . \tag{4.42}$$

Die Approximation lautet folglich

$$m(n) = \sum_{a=1}^{h} \xi_a(n) \cdot \theta_a \quad , \tag{4.43}$$

wobei die Parameteranzahl mit h und die Laufvariable mit a bezeichnet werden. Im einfachsten Fall, wenn die Parameter wie in (4.42) linear eingehen, kann $\vec{\theta}$ mit der Pseudoinversen berechnet werden durch:

$$\vec{\theta} = (\xi^T \xi)^{-1} \xi^T \vec{y} \quad . \tag{4.44}$$

Im nichtlinearen Fall findet der Gauß-Newton-Algorithmus Anwendung, der durch Iteration den Parametervektor $\vec{\theta}$ sukzessiv mit der Jakobi-Matrix J annähert. Dazu ist allerdings ein Startvektor $\vec{\theta}_{\mathrm{s}}$ nötig. Das heißt, dass jeder Parameter einen Anfangswert vor der Schätzung benötigt. Die iterative Annäherung berechnet sich dabei zu [55]:

$$\vec{\theta}_{\mathrm{s}+1} = \vec{\theta}_{\mathrm{s}} + \Delta\vec{\theta} = \vec{\theta}_{\mathrm{s}} + (J^T J)^{-1} J^T \vec{q} \quad . \tag{4.45}$$

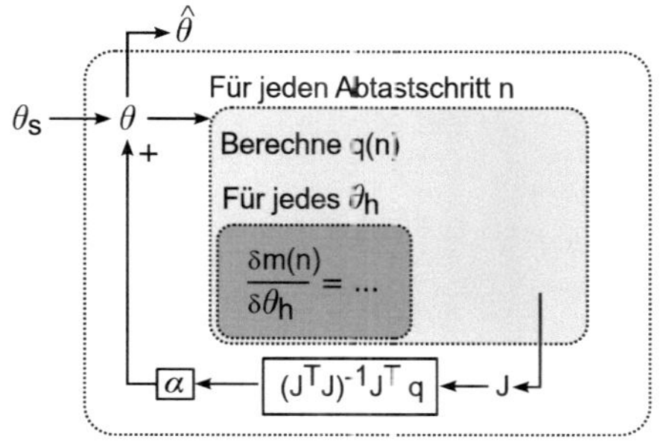

Abbildung 4.25: Schema des NLLS [41].

Dabei wird durch die Jakobi-Matrix das Modell $m(n)$ linearisiert, indem spaltenweise entlang jedes Parameters und zeilenweise entlang jedes Abtastschritts linearisiert wird:

$$J = \begin{pmatrix} \left(\frac{\partial m}{\partial \theta_1}\right)_{\mathrm{n=0}} & \cdots & \left(\frac{\partial m}{\partial \theta_\mathrm{h}}\right)_{\mathrm{n=0}} \\ \cdots & \cdots & \cdots \\ \left(\frac{\partial m}{\partial \theta_1}\right)_{\mathrm{n=N-1}} & \cdots & \left(\frac{\partial m}{\partial \theta_\mathrm{h}}\right)_{\mathrm{n=N-1}} \end{pmatrix} \quad . \tag{4.46}$$

Zusätzlich kann im Fall von Divergenz, also wenn der Parametervektor $\vec{\theta}$ nicht konvergiert, ein Dämpfungsfaktor $\alpha \in (0, 1]$ wie folgt verwendet werden [28]:

$$\vec{\theta}_{\mathrm{s}+1} = \vec{\theta}_\mathrm{s} + \alpha \Delta \vec{\theta} = \vec{\theta}_\mathrm{s} + \alpha (J^T J)^{-1} J^T \vec{q} \quad . \tag{4.47}$$

Eine schematische Darstellung des Algorithmus ist in Abbildung 4.25 zu sehen.

Um den NLLS für das FMCW-Radar zu implementieren, muss ein Signalmodell aufgestellt werden. Dieses lautet im einfachsten Fall eines einzelnen Sinussignals bzw. Radarziels: $x(t) = A \sin(\omega_{\mathrm{ZF}} t + \varphi_{\mathrm{ZF}})$. Hierbei besteht der Parametervektor $\vec{\theta}$ aus Amplitude A, Kreisfrequenz ω_{ZF} und Phase φ_{ZF}. Zur Schätzung dieser Parameter ist es zunächst notwendig, die Zeileneinträge der Jakobi-Matrix zu jedem Zeitpunkt zu berechnen. Die partiellen Ableitungen zu jedem Zeitpunkt lauten für dieses Signalmodell:

$$\frac{\partial x(t)}{\partial A} = \sin(\omega_{\mathrm{ZF}} t + \varphi_{\mathrm{ZF}}) \quad , \tag{4.48}$$

$$\frac{\partial x(t)}{\partial \omega} = A \cdot t \cdot \cos(\omega_{\mathrm{ZF}} t + \varphi_{\mathrm{ZF}}) \quad , \tag{4.49}$$

$$\frac{\partial x(t)}{\partial \varphi} = A \cdot \cos(\omega_{\mathrm{ZF}} t + \varphi_{\mathrm{ZF}}) \quad . \tag{4.50}$$

Des Weiteren ist es für die Berechnung des Parametervektors notwendig, den Fehlervektor $\vec{q}$ durch die Differenz des tatsächlichen Messwerts $y(t)$ und des Modellwertes $m(t)$ zu jedem diskreten Zeitpunkt zu berechnen. Anschließend wird nach (4.45) der Parametervektor optimiert.

Zur optimalen Implementierung des NLLS wird die Schätzung eines Signals bei verschiedenen Anfangswerten θ_{s} in [41] simuliert. Dadurch kann gezeigt werden, dass das Konvergenzverhalten und die Genauigkeit durch eine geschickte Wahl der Anfangswerte beeinflusst werden können. Des Weiteren zeigt die Simulation, dass bei der Schätzung einer völlig unbekannten Frequenz erst eine grobe Frequenzschätzung erfolgen muss, um den NLLS zu initialisieren. Durch eine Verringerung des Dämpfungsfaktors α entsprechend einer Erhöhung der Dämpfung, kann der Konvergenzbereich vergrößert werden, was einen großen Vorteil bietet, wenn die Frequenz nicht genau bekannt ist. Andererseits nimmt die Genauigkeit der Frequenzschätzung ab, weil der Algorithmus langsamer konvergiert. Wenn gleichzeitig ein großer Konvergenzbereich und eine hohe Genauigkeit erforderlich sind, muss zusätzlich die Anzahl der Iterationen erhöht werden. Jedoch nimmt die Rechenzeit durch die Erhöhung der Iterationen zu. In einer realen Anwendung, in der sowohl Anforderungen an Schnelligkeit als auch Genauigkeit bestehen, muss ein Kompromiss gefunden werden.

Außerdem zeigt sich in der Simulation, dass beim NLLS eine hohe Abhängigkeit von der Phase des ZF-Signals besteht. Um Fehler auf Grund eines ungenauen Initialwerts zu vermeiden, könnte für jedes Signal eine Schätzung der Phase erfolgen und anschließend der Initialwert für die Phase beim NLLS angepasst werden. Weil dies aber mit einem hohem Rechenaufwand verbunden ist, werden stattdessen im ZF-Signal über einen Nullstellendetektor [41] Abtastwerte so entfernt, dass das verkürzte ZF-Signal eine Phase von $\varphi_{\mathrm{ZF}} \approx 0$ besitzt und der Initialwert der Phase immer Null ist.

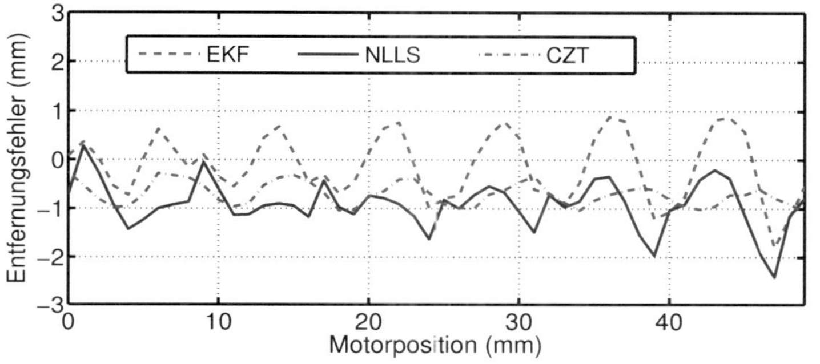

Abbildung 4.26: Entfernungsfehler bei Frequenzauswertung mit EKF, NLLS und CZT, 24 GHz FMCW-Radar.

Vergleich zwischen EKF, NLLS und CZT

Für den Vergleich zwischen der Bestimmung der Frequenz im Zeitbereich und der CZT wird eine 24 GHz Messung ausgewertet. Der Messaufbau gestaltet sich ähnlich wie in Abbildung 3.4. Allerdings wird die Messung an einer anderen Stelle des Hohlleiters durchgeführt. Die Initialisierung der Frequenz des EKFs und des NLLS werden mit der geschätzten Frequenz des Nullstellenzählers aus [41] durchgeführt, weil dieser nur geringe Rechenzeiten benötigt. Bevor die erste Frequenzschätzung erfolgen kann, werden die ersten 25 Abtastwerte der Signale abgeschnitten, um eine Beeinflussung der Zeitbereichsschätzer durch Einschwingvorgänge zu vermeiden. Das Ergebnis der Frequenzschätzung und Entfernungsauswertung mit Vorabmittelung über 100 Messwiederholungen ist in Abbildung 4.26 zu sehen. Bei der Auswertung mit der CZT können auf Grund der hohen Dämpfung des verwendeten Blackman-Fensters Störungen unterdrückt werden. Dadurch ergeben sich geringere Schwankungen als bei den Zeitbereichsschätzern. Ein linearer Fehler, der von Bauteiltoleranzen und Mehrfachreflexionen verursacht wird, ist für alle drei Schätzer vorhanden und kann in der Nachbearbeitung kompensiert werden. Zur Steigerung der Genauigkeit der Frequenzschätzung im Zeitbereich werden die Signale der Messung mit einem Bandpass gefiltert (Unterabschnitt 4.1.2). Anschließend wird erneut eine Frequenzauswertung durchgeführt. Nach der Filterung werden die ersten und letzten 150 Abtastwerte abgeschnitten, um Amplitudenschwankungen zu vermeiden und das Ergebnis zu verbessern. Die Frequenz- und Entfernungsauswertung ist in Abbildung 4.27 zusammen mit der Auswertung der CZT mit Blackman-Fenster zu sehen. Durch den Einsatz eines Filters wird der Einfluss von Störungen verringert. Dadurch ist es möglich, ähnliche Genauigkeiten wie mit der CZT zu erreichen.

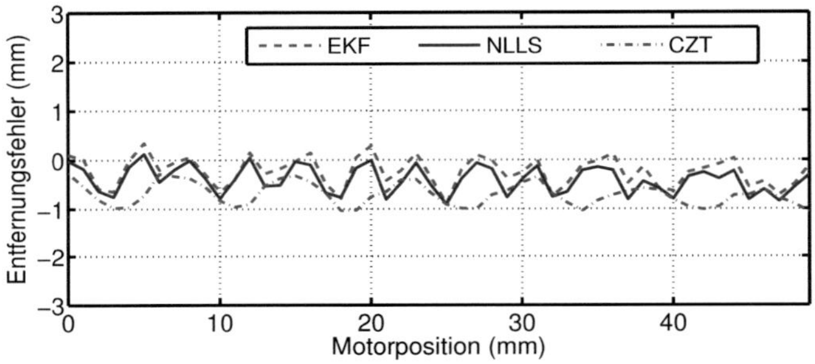

Abbildung 4.27: Entfernungsfehler bei Frequenzauswertung mit EKF, NLLS und CZT und zusätzlicher Vorfilterung, 24 GHz FMCW-Radar.

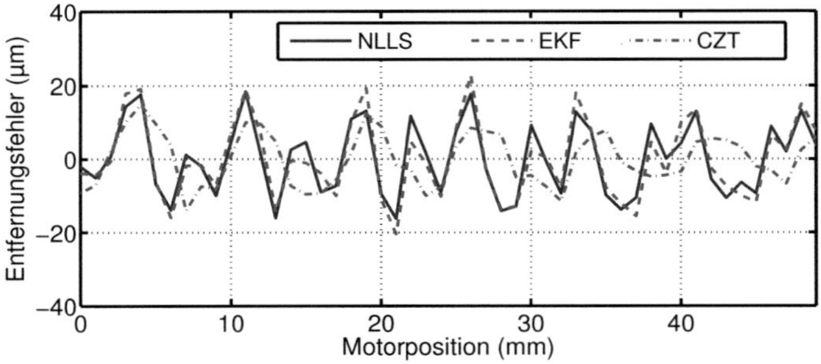

Abbildung 4.28: Entfernungsfehler von EKF, NLLS und CZT mit Phasenauswertung, 24 GHz FMCW-Radar.

Um die Entfernungsauswertung weiter zu verbessern, wird eine Phasenauswertung der Ergebnisse der Frequenzschätzung durchgeführt. Es werden die CZT mit Blackman-Fenster, der NLLS und das EKF mit Bandpass-Filter und reduzierten Abtastwerten verwendet. Das Ergebnis ist in Abbildung 4.28 zu sehen. Eine Genauigkeit von $\pm$ 20 µm kann mit allen drei Schätzern erreicht werden.

4.3.3 Phasen- und Amplitudenschätzung im Zeitbereich

Im Zeitbereich kann zur Schätzung der Phase und Amplitude eines sinusförmigen Signals bei Kenntnis der Frequenz ein Linear Least Squares Schätzer (LLS) eingesetzt werden. Der LLS wird in Abschnitt 4.3.4 für die Frequenzschätzung des NLLS mit erweitertem Signalmodell benötigt. Für den LLS muss die nichtlineare Modellgleichung mit Hilfe der Additionstheoreme in eine lineare Gleichung umgeformt werden:

$$\begin{aligned} x(t) &= A \cdot \sin(\omega_{\mathrm{ZF}} t + \varphi_{\mathrm{ZF}}) \\ &= \underbrace{A \cdot \cos(\varphi_{\mathrm{ZF}})}_{A_1} \cdot \sin(\omega_{\mathrm{ZF}} t) + \underbrace{A \cdot \sin(\varphi_{\mathrm{ZF}})}_{A_2} \cdot \cos(\omega_{\mathrm{ZF}} t) \\ &= A_1 \cdot \sin(\omega_{\mathrm{ZF}} t) + A_2 \cdot \cos(\omega_{\mathrm{ZF}} t) \end{aligned} \tag{4.51}$$

Durch die zeitdiskrete Darstellung des Modells nach (4.42), kann nach (4.44) der Parametervektor $\vec{\theta} = (A_1, A_2)^T$ berechnet werden:

$$\vec{\theta} = \begin{pmatrix} A_1 \\ A_2 \end{pmatrix} = (\xi^T \xi)^{-1} \xi^T \vec{y}$$

$$\begin{aligned} = &\left(\begin{pmatrix} \sin(\omega_{\mathrm{ZF}} \cdot 0 t_{\mathrm{s}}) & \dots & \sin(\omega_{\mathrm{ZF}} \cdot (N-1) t_{\mathrm{s}}) \\ \cos(\omega_{\mathrm{ZF}} \cdot 0 t_{\mathrm{s}}) & \dots & \cos(\omega_{\mathrm{ZF}} \cdot (N-1) t_{\mathrm{s}}) \end{pmatrix} \right. \\ &\left. \cdot \begin{pmatrix} \sin(\omega_{\mathrm{ZF}} \cdot 0 t_{\mathrm{s}}) & \cos(\omega_{\mathrm{ZF}} \cdot 0 t_{\mathrm{s}}) \\ \dots & \dots \\ \sin(\omega_{\mathrm{ZF}} \cdot (N-1) t_{\mathrm{s}}) & \cos(\omega_{\mathrm{ZF}} \cdot (N-1) t_{\mathrm{s}}) \end{pmatrix} \right)^{-1} \\ &\cdot \begin{pmatrix} \sin(\omega_{\mathrm{ZF}} \cdot 0 t_{\mathrm{s}}) & \dots & \sin(\omega_{\mathrm{ZF}} \cdot (N-1) t_{\mathrm{s}}) \\ \cos(\omega_{\mathrm{ZF}} \cdot 0 t_{\mathrm{s}}) & \dots & \cos(\omega_{\mathrm{ZF}} \cdot (N-1) t_{\mathrm{s}}) \end{pmatrix} \\ &\cdot \begin{pmatrix} y(0) \\ y(1) \\ \dots \\ y(N-1) \end{pmatrix} . \end{aligned} \tag{4.52}$$

Aus dem Schätzergebnis $\hat{A}_1$ und $\hat{A}_2$ können Amplitude und Phase des Signals bestimmt werden. Aufgrund der Substitution $A_1 = A \cdot \cos(\varphi_{\mathrm{ZF}})$, $A_2 = A \cdot$

$\sin(\varphi_{\mathrm{ZF}})$ ergibt sich:

$$\frac{A_1}{A_2} = \frac{1}{\tan(\varphi_{\mathrm{ZF}})} \quad , \tag{4.53}$$

$$\sqrt{A_1^2 + A_2^2} = \sqrt{A^2 \cdot (\sin(\varphi_{\mathrm{ZF}})^2 + \cos(\varphi_{\mathrm{ZF}})^2)} = A \quad . \tag{4.54}$$

Es gilt also

$$\hat{\varphi}_{\mathrm{ZF}} = \arctan\left(\frac{A_2}{A_1}\right) \quad , \tag{4.55}$$

$$\hat{A} = \sqrt{A_1^2 + A_2^2} \quad , \tag{4.56}$$

wobei $\hat{A}$ den Schätzwert der Amplitude bezeichnet. Das Endergebnis erinnert an die Phasenschätzung mit der CZT (4.23). Über Simulationen kann gezeigt werden, dass beide Verfahren identische Ergebnisse liefern [41]. Lediglich der Rechenaufwand ist beim LLS auf Grund der Matrixinversion höher.

4.3.4 Verbesserung der Genauigkeit durch ein erweitertes Signalmodell

Es hat sich gezeigt, dass eine beliebige Steigerung der Genauigkeit durch eine Verbesserung des SNRs mittels Mittelwertbildung aus Messwiederholungen nicht immer zum Erfolg führt [70], [8]. Daher sind die Messungen auch häufig, deutlich von der theoretisch erreichbaren Genauigkeit (CRLB) entfernt. Als Ursachen für die systematischen Störungen gibt es folgende Gründe: Mehrfachreflexionen, Spiegelfrequenzeinflüsse, Mehrwegeausbreitung und durch den Messaufbau bedingte Begrenzungen, z.B. zu hohe Fertigungstoleranzen des Hohlleiters. Die Entfernungsbestimmung im Zeitbereich basiert auf Signalmodellen, die erweitert werden können, um diese systematischen Störungen zu erfassen und die Genauigkeit zu erhöhen. Da im Zeitbereich keine Beeinflussung durch Spiegelfrequenzen auftritt, ist es ausreichend, sinusförmige Störungen in Form eines Signalmodells zu berücksichtigen. Das erweiterte Signalmodell $x_{\mathrm{erw}}(t)$ mit X Störungen lautet:

$$x_{\mathrm{erw}}(t) = A\sin(\omega_{\mathrm{ZF}}t + \varphi_{\mathrm{ZF}}) + \sum_{a=1}^{X} \tilde{A}_{\mathrm{a}} \sin(\tilde{\omega}_{\mathrm{a}}t + \tilde{\varphi}_{\mathrm{a}}) + \zeta, \tag{4.57}$$

wobei durch ζ ein eventuell auftretender Gleichspannungsoffset mitberücksichtigt wird. $\tilde{A}$, $\tilde{\omega}$ und $\tilde{\varphi}$ bezeichnen die Amplitude, die Kreisfrequenz und die Phase der Störsignale. Für den NLLS ist das neue Signalmodell leichter zu implementieren als für das EKF, da direkt von (4.57) die Jakobi-Matrix nach (4.46) berechnet werden kann. Das Vorgehen des Algorithmus wird beispielhaft gezeigt, wenn lediglich eine Störung vorliegt. Für die Berücksichtigung einer einzigen Störung lautet das erweiterte Signalmodell:

$$x_{\mathrm{erw}}(t) = A\sin(\omega_{\mathrm{ZF}}t + \varphi_{\mathrm{ZF}}) + \tilde{A}_1\sin(\tilde{\omega}_1 t + \tilde{\varphi}_1) + \zeta \quad . \tag{4.58}$$

Die partiellen Ableitungen der Jakobi-Matrix lauten für den NLLS unter Annahme einer Störung:

$$\begin{aligned}
\frac{\partial x_{\mathrm{erw}}(t)}{\partial A} &= \sin(\omega_{\mathrm{ZF}}t + \varphi_{\mathrm{ZF}}) \\
\frac{\partial x_{\mathrm{erw}}(t)}{\partial \omega_{\mathrm{ZF}}} &= A\cdot t\cdot\cos(\omega_{\mathrm{ZF}}t + \varphi_{\mathrm{ZF}}) \\
\frac{\partial x_{\mathrm{erw}}(t)}{\partial \varphi_{\mathrm{ZF}}} &= A\cdot\cos(\omega_{\mathrm{ZF}}t + \varphi_{\mathrm{ZF}}) \\
\frac{\partial x_{\mathrm{erw}}(t)}{\partial \tilde{A}_1} &= \sin(\tilde{\omega}_1 t + \tilde{\varphi}_1) \\
\frac{\partial x_{\mathrm{erw}}(t)}{\partial \tilde{\omega}_1} &= \tilde{A}_1\cdot t\cdot\cos(\tilde{\omega}_1 t + \tilde{\varphi}_1) \\
\frac{\partial x_{\mathrm{erw}}(t)}{\partial \tilde{\varphi}_1} &= \tilde{A}_1\cos(\tilde{\omega}_1 t + \tilde{\varphi}_1) \\
\frac{\partial x_{\mathrm{erw}}(t)}{\partial \zeta} &= 1 \quad .
\end{aligned} \tag{4.59}$$

Zur Sicherstellung der Konvergenz des Schätzers erfolgt die Initialisierung basierend auf den Ergebnissen der CZT und des LLS. Dazu wird mittels Blackman-Fensterung und CZT die stärkste Frequenz $\hat{\omega}_{\mathrm{ZF}}$ des ZF-Signals bestimmt und dann mit dem LLS aus Abschnitt 4.3.3 entsprechend die Phase $\hat{\varphi}_{\mathrm{ZF}}$ und die Amplitude $\hat{A}$ des ZF-Signals ermittelt. Diese Werte werden für die Initialisierung der Schätzung verwendet und zur Bestimmung der Werte der sinusförmigen Störung. Aus den Schätzwerten wird eine Sinusschwingung erstellt und vom ursprünglichen Signal subtrahiert

$$x_2(t) = x(t) - \hat{A}\sin(\hat{\omega}t + \hat{\varphi}) \quad . \tag{4.60}$$

Das entstehende Signal $x_2(t)$ wird erneut mittels CZT und LLS analysiert und die Schätzwerte für $\hat{\hat{A}}_1$, $\hat{\hat{\omega}}_1$ und $\hat{\hat{\varphi}}_1$ bestimmt. Im Falle zusätzlicher Störungen wird vom Signal $x_2(t)$ die ermittelte sinusförmige Schwingung $\hat{\hat{A}}_1 \sin(\hat{\hat{\omega}}_1 t + \hat{\hat{\varphi}}_1)$ subtrahiert und das beschriebene Verfahren beginnt von vorne, bis der Schätzwert der Amplitude $\hat{\hat{A}}_\mathrm{a}$ einen definierten Schwellwert unterschreitet. Die Ergebnisse werden dann an den NLLS übergeben, der die ZF und die Phase des ZF-Signals unter Berücksichtigung der Störungen ermittelt. Ein Schema des Algorithmus ist in Abbildung 4.29 abgebildet. Der Algorithmus wird anhand einer Messung des 24 GHz FMCW-Radars getestet, bei der die Frequenzauswertung der CZT auf Grund von Störungen eine verringerte Genauigkeit zeigt (Abbildung 4.30). Bei der Frequenzauswertung verbessert sich die Genauigkeit deutlich sichtbar und der periodische Verlauf des Fehlers ist nicht mehr erkennbar. Wenn die zusätzliche Phasenauswertung verwendet wird, ist der Unterschied zwischen der CZT und dem neuen Algorithmus geringer, wobei immer noch eine Verbesserung der Genauigkeit erreicht wird. Der neue Algorithmus verbessert die Standardabweichung der Frequenzauswertung von 597 µm auf 174 µm und die Standardabweichung der Phasenauswertung von 37 µm auf 30 µm. Mit der Einbeziehung von Störungen in das Signalmodell gibt es mit dem erweiterten NLLS-Algorithmus ein Verfahren, das für diese Messung bisher nicht erreichte Genauigkeiten liefert. Insbesondere kann die Genauigkeit der Frequenzauswertung deutlich gesteigert werden, wenn der CZT-Algorithmus durch Störungen beeinflusst wird.

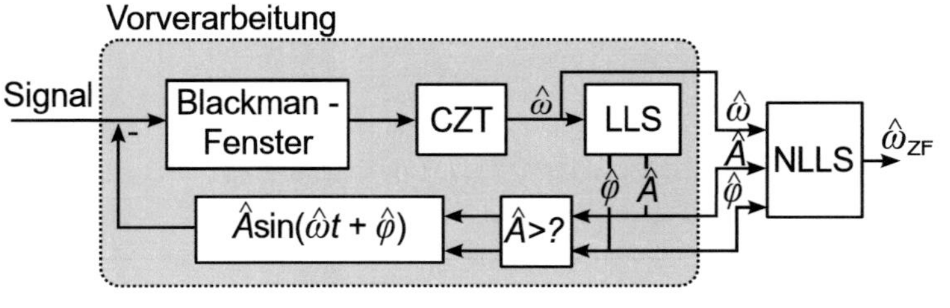

Abbildung 4.29: Schematische Darstellung zur Frequenzschätzung unter Einbeziehung sinusförmigen Störungen [41].

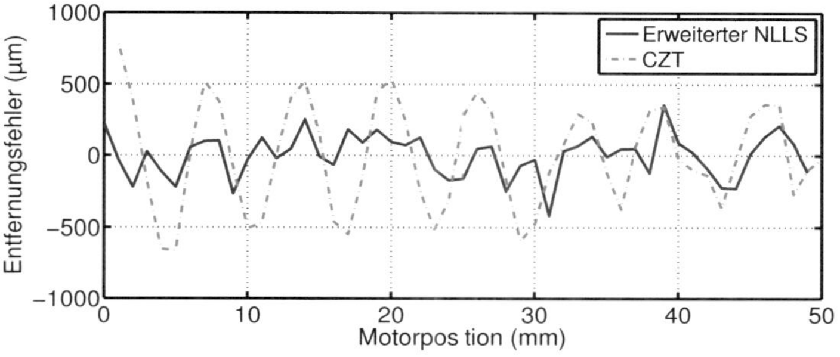

(a) Frequenzauswertung

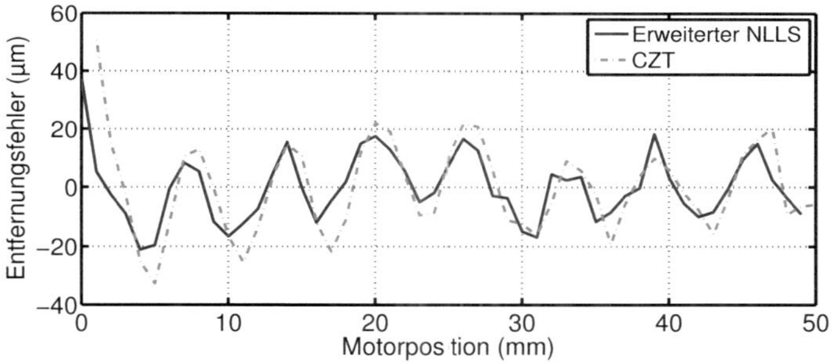

(b) Phasenauswertung

Abbildung 4.30: Vergleich von Frequenz- und Phasenauswertung des erweiterten NLLS-Algorithmus und der CZT, 24 GHz FMCW-Radar.

4.4 Übersicht der Algorithmen zur Entfernungsmessung

Abbildung 4.31 zeigt eine Übersicht der Algorithmen zur Entfernungsmessung als Blockdiagramm. Die Signalvorverarbeitung beginnt nach der A/D-Wandlung des ZF-Signals. In Abhängigkeit der Einstellungen der Messung und des Messsystems kann eine Mittelung vorgenommen werden, um das SNR zu verbessern. Des Weiteren kann die Berechnung für die Aufwärts- und Abwärtsrampe durchgeführt werden, um den Einfluss von linearen Fehlern bei der Entfernungsbestimmung zu verringern. Eine weitere Steigerung der Genauigkeit

ist durch die Erzeugung eines komplexen Signals möglich und ist für die Verringerung der Rechenzeit beim Einsatz von Parameterschätzern hilfreich. Die Parameterschätzer eignen sich nicht zur Entfernungsmessung mit hoher Genauigkeit, da sie nicht robust genug auf Signalstörungen reagieren. Allerdings kann durch den Einsatz dieser Algorithmen eine Verbesserung der Entfernungsauflösung erreicht werden, wenn mit den anderen Algorithmen kein sinnvolles Ergebnis erzielbar ist.
Um hohe Genauigkeit zu ermöglichen, wird die Frequenzberechnung in den meisten Fällen, nach vorheriger Fensterung mit einem Blackman-Fenster, mit der iterativen CZT durchgeführt. Dieser Algorithmus bietet eine hohe Genauigkeit und Robustheit und benötigt die niedrigste Rechenzeit, so dass ein optimales Ergebnis erzielt wird. Wenn auf Grund von Störungen die Genauigkeit für eine kombinierte Phasenauswertung nicht ausreicht, kann die Genauigkeit durch den Algorithmus zur Variation der Rampendauer leicht gesteigert werden. Bei stärkeren, systematischen Störungen ist der Einsatz des erweiterten NLLS sinnvoll. Dieser Algorithmus benötigt zur Bestimmung der Anfangswerte die CZT und kann durch Berücksichtigung der Störungen im Signalmodell eine verbesserte Genauigkeit berechnen. Der Einsatz des NLLS ohne erweitertes Signalmodell ist auf Grund der ähnlichen Genauigkeit im Vergleich zur CZT auf Grund der erhöhten Rechenzeit nicht sinnvoll.
Zur Phasenberechnung existieren drei verschiedene Algorithmen. Wenn die CZT zur Bestimmung der Frequenz eingesetzt wird, kann daraus auch direkt die Phase bestimmt werden, wodurch die notwendige Rechenzeit minimiert wird. Falls allerdings ein Algorithmus bei der Frequenzberechnung eingesetzt wird, der das Phasenverhältnis zwischen zwei Messpunkten verändert, wie z.B. der Algorithmus zur Variation der Rampendauer, bietet sich der Einsatz der Korrelationsmethode an. Der Algorithmus erhöht die Rechenzeit gegenüber der CZT leicht und ist unabhängig vom Algorithmus der Frequenzauswertung. Durch den LLS werden ähnliche Genauigkeiten wie mit den anderen beiden Verfahren bei erhöhter Rechenzeit erreicht.
Mit Hilfe der optimierten Signalverarbeitung können Unzulänglichkeiten der Radarhardware durch die Wahl eines in der jeweiligen Situation optimalen Algorithmus ausgeglichen werden. Die Funktionsweise aller Algorithmen ist durch die Auswertung von FMCW-Radarmessungen verifiziert.

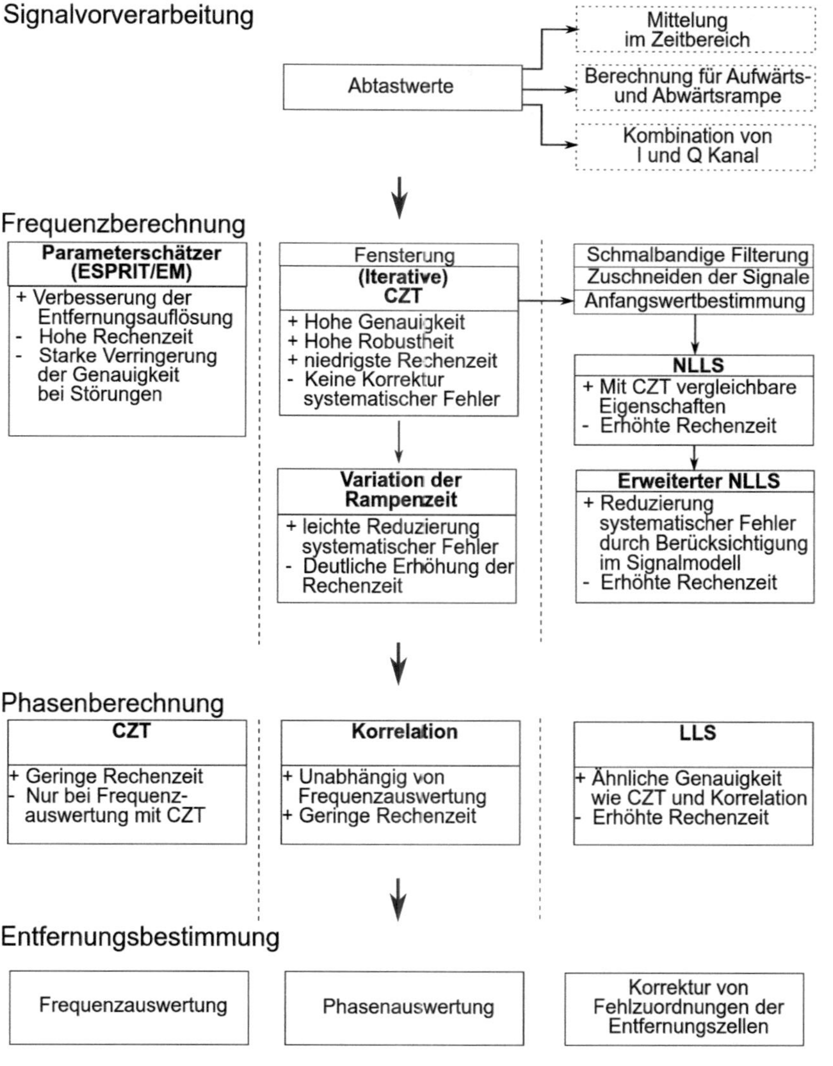

Abbildung 4.31: Übersicht der Algorithmen zur Entfernungsmessung

5 Entfernungsmessung in industriellen Maschinen

Die FMCW-Radare zur Entfernungsmessung mit hoher Genauigkeit können für unterschiedliche industrielle Anwendungen verwendet werden. Eine Anwendung des Radarsystems zur Entfernungsmessung in Hydraulikzylindern wird in [12, 14] gezeigt. Dabei ist es möglich, absolute Entfernungen mit einer Genauigkeit von besser als 200 µm direkt innerhalb des Zylinders, durch das Öl hindurch zu messen. Der Hydraulikzylinder einschließlich des Radars ist in Abbildung 5.1 zu sehen. Durch die Integration des Radars in den Hydraulikzylinder gibt es keinen externen mechanischen Aufbau am Hydraulikkolben, wie er z.B. bei Entfernungsmessungen mit einer Magnetostriktion notwendig wäre. Außerdem kann ein Übergang der Kolbenführung innerhalb des Hydraulikzylinders als Referenzziel verwendet werden, wodurch Absolutmessungen möglich sind. Des Weiteren kann das Referenzziel als Kalibrationsziel verwendet werden, um sich ändernde Ausbreitungsbedingungen wie z.B. die Alterung des Öls zu kompensieren.

Des Weiteren ist die Steuerung von hydraulischen Antrieben mit FMCW-Radaren möglich wie in [10, 37] gezeigt. Die Messung von Winkeln mit FMCW-Radaren und zusätzlicher Phasenauswertung wird in [13] untersucht. Das Radarsignal wird für die Messung über einen Riblet-Koppler in eine kreisförmige Hohlleiterstruktur eingekoppelt. Um nicht messbare Bereiche zu vermeiden und die Genauigkeit zu erhöhen, wird von zwei Seiten mit zwei Radaren gemessen. Dabei wird mit dem 24 GHz FMCW-Radar eine Winkelauflösung von 0,05° erreicht.

Eine weitere Einsatzmöglichkeit der FMCW-Radare findet sich im Bereich der Werkzeugmaschinen. Im Idealfall werden Abstände direkt am Werkzeug selbst gemessen (d.h. am Tool Center Point (TCP)), um die Anzahl an Fehlerquellen zu minimieren. Da optische Verfahren zur Entfernungsmessung wie Laser durch umherfliegende Späne, Kühlflüssigkeit usw. negativ beeinflusst werden, sind sie meistens in das Antriebsmodul integriert, wodurch sie allerdings Entfernungen indirekt messen. Radare weisen bei den gleichen Messbedingungen robustere Eigenschaften auf und bieten sich daher als alternative Messmöglichkeit an. In Abbildung 5.2 ist das Messsystem bestehend aus einem FPGA mit Stromversorgung, einer optionalen Anzeige und dem 80 GHz FMCW-Radar gezeigt. Das FPGA kann über den implementierten CZT-Algorithmus Entfernungen bestimmen und ermöglicht eine echtzeitfähige Auswertung der Radarsignale [36]. Die Messwiederholrate des Systems wird in der aktuellen Implementierung durch die Rampendauer beschränkt und beträgt für das gezeigte System 100 Hz. Durch den Einsatz einer 32-Bit Fließkommaarithmetik im FPGA ist die Genauigkeit gegenüber einer Matlab-basierten Entfernungsauswertung mit 80-Bit Fließkommaarithmetik lediglich um einen Faktor 2 verringert.

Wenn mehrere Radare eingesetzt werden, können auch mehrdimensionale Messungen durchgeführt werden. Ein Implementierungsbeispiel in einer Werkzeugmaschine ist in Abbildung 5.3 gezeigt. Durch ein Radar parallel zum Werkzeug kann die Höhe (z-Position) ermittelt werden. Zwei weitere Radare ermöglichen eine Bestimmung der x- und y-Position, wobei in Abbildung 5.3 das dritte Radar nicht sichtbar ist.

Für Testmessungen wird das 80 GHz FMCW-Radarsystem in ein lineares Positioniersystem einer Werkzeugmaschine des ISW der Universität Stuttgart integriert (Abbildung 5.4). Als Referenzsystem wird ein optischer Encoder inner-

Abbildung 5.1: Messaufbau zur Messung innerhalb von Hydraulikzylindern, 24 GHz FMCW-Radar [12] © 2014 IEEE.

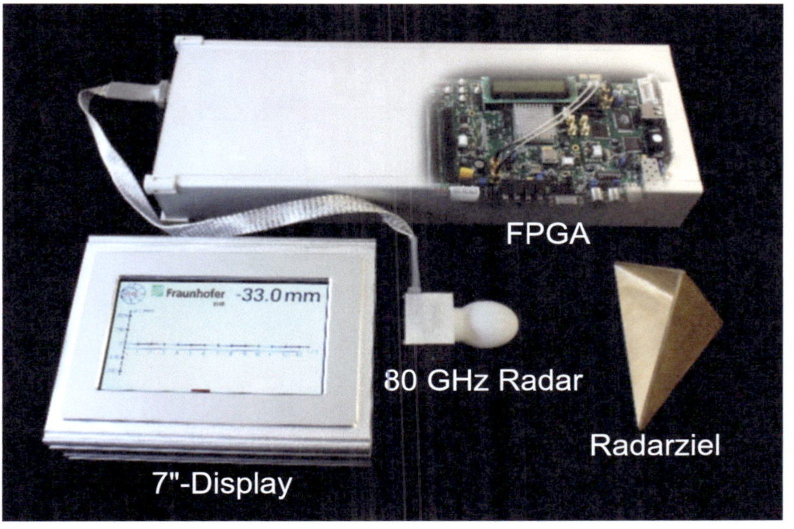

Abbildung 5.2: Echtzeitfähiges Messsystem für Entfernungsmessungen in Werkzeugmaschinen, 80 GHz FMCW-Radar.

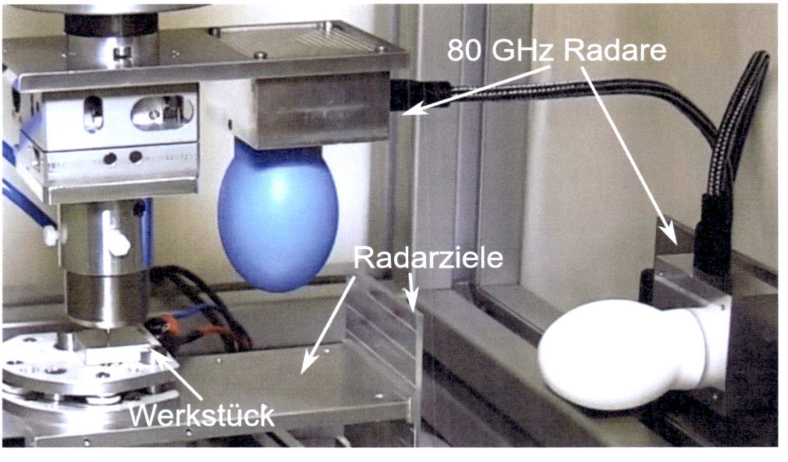

Abbildung 5.3: Messaufbau zur mehrdimensionalen Entfernungsmessung innerhalb von Werkzeugmaschinen, 80 GHz FMCW-Radar.

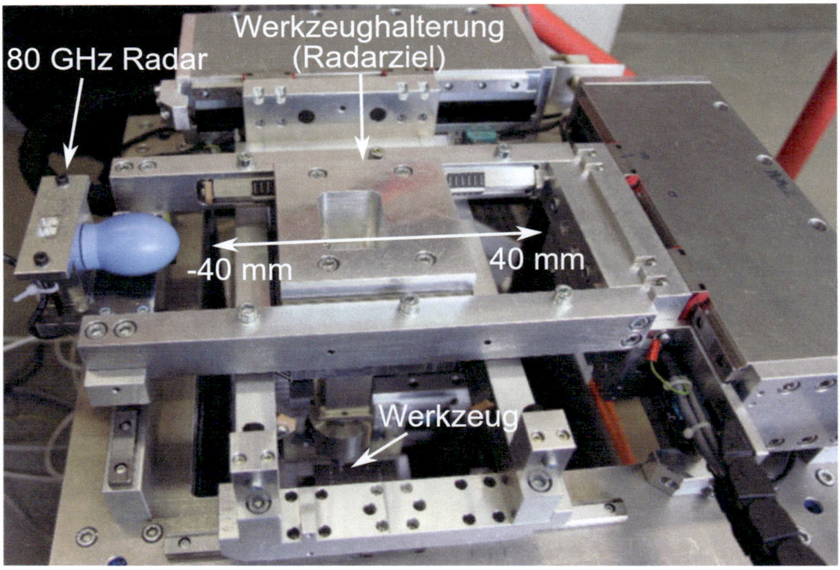

Abbildung 5.4: Messaufbau für Entfernungsmessungen innerhalb der Werkzeugmaschine des ISW, 80 GHz FMCW-Radar.

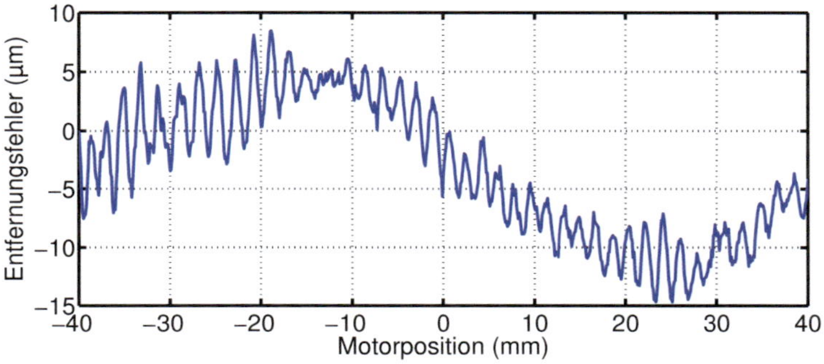

Abbildung 5.5: Phasenauswertung der Entfernungsmessung der Werkzeugmaschine des ISW, 80 GHz FMCW-Radar.

halb des Antriebs verwendet. Das Radar benutzt als Ziel die vom Positioniersystem verschobene Halterung des Werkzeugs und ist mit den Einstellungen aus Tabelle 2.3 konfiguriert. Das Ergebnis der Messung einschließlich Phasenauswertung ist in Abbildung 5.5 gezeigt. Es wird eine Genauigkeit mit einem maximalen Fehler von 15 µm erreicht. Dadurch zeigt sich, dass das entwickelte Radarsystem auch unter realistischen Bedingungen hohe Genauigkeiten erzielt und zur Messung innerhalb von Werkzeugmaschinen eingesetzt werden kann.

6 Schlussfolgerungen

Mit der voranschreitenden Technik im Bereich der MMICs, können vollständige Radarsysteme bei höheren Frequenzen realisiert werden. Dadurch wird die Größe der Radarsysteme immer kleiner und die Herstellungskosten sinken, so dass die Radartechnologie als Alternative zu bestehenden Sensorlösungen im Industriebereich eingesetzt werden kann. FMCW-Radare bieten noch den weiteren Vorteil, dass sie zur absoluten Entfernungsmessung verwendet werden können und im Vergleich zu optischen Sensoren robuster gegenüber erschwerten Messbedingungen sind, da sie z.B. durch bei mechanischer Bearbeitung von Materialien entstehender Stäube, Dämpfe und umherfliegender Späne weniger beeinflusst werden. In dieser Arbeit werden FMCW-Radare untersucht, die bei verschiedenen Frequenzen arbeiten und es wird allgemein gezeigt, welche Genauigkeiten bei Entfernungsmessungen theoretisch erreicht werden können. Es wird ein neu entwickelter, kombinierter Frequenz- und Phasenauswertealgorithmus zur Bestimmung der Entfernungen eingesetzt, der auch bei sich bewegenden Zielen unter Doppler-Einfluss zuverlässige Ergebnisse liefert. Für den Einsatz in Industrieanwendungen wurden des Weiteren optimierte Algorithmen entwickelt, die eine echtzeitfähige Auswertung ermöglichen und Messstörungen weitestgehend kompensieren können.
Diese Arbeit basiert auf FMCW-Radaren, die einen kombinierten Frequenz- und Phasenauswertealgorithmus einsetzen. Dieser Algorithmus ist die Grundlage für Entfernungsmessungen mit Genauigkeiten im Mikrometerbereich und ermöglicht durch das FMCW-Prinzip zusätzlich einen hohen Eindeutigkeitsbereich. Die notwendigen Bedingungen an die Frequenzgenauigkeit für den kombinierten Auswertealgorithmus und eine Fehlerkorrektur werden abgeleitet. Zur Verifikation der Analysen in dieser Arbeit werden vier verschiedene FMCW-Radare bei 24 GHz, 61 GHz, 80 GHz und 122 GHz verwendet. Es wird die Funktionsweise der Radare erläutert und auf die Unterschiede der Hardware eingegangen, wovon die Genauigkeitsgrenzen und die Auswertealgorithmen abhängen.

Die maximale theoretische Genauigkeit eines FMCW-Radars wird für den Fall abgeleitet, dass die Eigenschaften der Hardware (SNR, Bandbreite, Frequenz und die Anzahl der Abtastwerte) bekannt sind. Wenn das Radar ausschließlich durch weißes Rauschen gestört ist, kann mit einer Grenze aus dem Bereich der Statistik, der Cramér–Rao Bound (CRB), ein direkter Zusammenhang zwischen der Standardabweichung der Entfernungsmessung und dem SNR, und je nach Auswertung der Bandbreite oder der Frequenz des eingesetzten Radars, aufgestellt werden. Die Gültigkeit dieser Schranke wird mit einem speziellen Messaufbau, bei dem alle Störgrößen außer dem weißen Rauschen minimiert sind, verifiziert. Des Weiteren wird nachgewiesen, dass die Entfernungsgenauigkeit der zusätzlichen Phasenauswertung unabhängig von der Bandbreite ist und neben dem SNR in erster Linie von der Wellenlänge abhängt. Außerdem wird messtechnisch verifiziert, dass bei relativen SNR Änderungen durch die CRB entsprechende Änderungen der Genauigkeit vorhergesagt werden können, um beispielsweise die Größe eines Radarziels zu optimieren.
Eine Analyse des Phasenrauschens und der Störungen der Frequenzrampe zeigt, dass beide Größen in den meisten Fällen als weißes Rauschen aufgefasst werden können. Der Einfluss von weißem Rauschen auf die Genauigkeit der Entfernungsmessung wird bereits von der CRB erfasst, so dass hinsichtlich der Beeinflussung der Genauigkeit durch das Phasenrauschen keine eigene Betrachtung erforderlich ist.
Für die Anwendung in Maschinen ist die Untersuchung des Einflusses bewegter Ziele und des dadurch entstehenden Doppler-Effekts auf die Genauigkeit der Entfernungsmessung von entscheidender Bedeutung. Es wird gezeigt, dass es möglich ist, die Auswirkungen des Doppler-Effekts vollständig zu kompensieren. Mit Hilfe eines Messaufbaus, der ein zeitgleiches Auslesen der Radar- und Referenz-Abstandswerte ermöglicht, kann in Messungen hinsichtlich der Genauigkeit kein Unterschied zwischen statischen und dynamischen Messungen festgestellt werden, wenn Fehler durch den Doppler-Effekt korrigiert werden. Für Geschwindigkeiten bis zu 1 m/s wird nachgewiesen, dass Genauigkeiten im Mikrometerbereich erreicht werden können.
Zudem wird auch der Einfluss der Zielform und -größe auf die Genauigkeit analysiert. Als nahezu ideales Ziel im Freiraum eignet sich eine ebene Metallplatte. Dieses Ziel erreicht die höchste Genauigkeit, wenn es in einem Mindestabstand aufgestellt wird, der größer als das reaktive Nahfeld der Antenne ist. In Messun-

gen mit dem 80 GHz FMCW-Radar werden Genauigkeiten besser als 1 Mikrometer für das optimale Ziel erzielt.

Des Weiteren werden der Einfluss der Signalverarbeitung auf die Genauigkeit und die Optimierung der Algorithmen untersucht. Die Entfernungsauswertung beginnt mit der Signalvorverarbeitung. Für Algorithmen, die die Entfernung im Frequenzbereich ermitteln, ist das optimale Fenster ein Blackman-Fenster oder ein Kaiser-Fenster (β=8). Eine digitale Filterung mit schmalbandigen Filtern und einer Anpassung des ZF-Signals durch die Entfernung von Abtastwerten ist für Zeitbereichsalgorithmen notwendig, da diese durch Fluktuationen des ZF-Signals stark beeinflusst werden können. Wenn eine Aufwärts- und eine Abwärtsrampe verfügbar ist oder das Radar einen IQ-Empfänger besitzt, wird gezeigt, dass durch eine Kombination der ZF-Signale systematische Fehler deutlich reduziert werden.
Als optimaler Algorithmus im Frequenzbereich eignet sich die CZT. Eine Weiterentwicklung des Algorithmus um iterative Aufrufe ermöglicht extrem hohe Frequenzauflösungen in Echtzeit. Der Algorithmus kann auch zur Ermittlung der Phase des ZF-Signals eingesetzt werden. Eine alternative Bestimmung der Phase ist über eine Korrelationsmethode möglich, die zwar leicht höhere Rechenanforderungen aufweist aber unabhängig vom Verfahren der Frequenzbestimmung ist. Basierend auf dem CZT Algorithmus wird eine weitere Verbesserung der Genauigkeit bei systematischen Fehlern durch einen neu entwickelten Algorithmus erzielt, der den Einfluss der Variation der Rampenzeit auf die Genauigkeit ausnutzt.
Die modellbasierte Entfernungsbestimmung wird in Parameterschätzer und Zeitbereichsschätzer aufgeteilt. Es zeigt sich, dass Parameterschätzer in der Lage sind, die Entfernungsauflösung von Fourier-basierten Auswerteverfahren wie der CZT zu verbessern, ohne jedoch ähnliche Genauigkeiten zu ermöglichen. Daher werden Zeitbereichsalgorithmen analysiert, die bessere Eigenschaften zur modellbasierten Steigerung der Genauigkeit aufweisen. Für die FMCW-Radare zeigen sich insbesondere das entwickelte Erweiterte Kalman-Filter (EKF) und der Non-Linear Least Squares Schätzer (NLLS) als geeignet, da bereits ohne zusätzliche Modellinformationen ähnliche Genauigkeiten wie mit der CZT erreicht werden können. Durch ein erweitertes Signalmodell des NLLS kann die Genauigkeit einer FMCW-Radarmessung deutlich gesteigert werden, wenn systematische Störungen vorliegen.

Die entwickelten Algorithmen und die flexibel einsetzbaren FMCW-Radare ermöglichen Entfernungsmessungen in unterschiedlichen industriellen Maschinen. Beispielsweise wird in dieser Arbeit gezeigt, dass innerhalb eines Hydraulikzylinders Entfernungen mit einer Genauigkeit besser als 200 µm gemessen werden können. Im Gegensatz zu gängigen Verfahren wird die Messung direkt im Hydrauliköl vorgenommen.
Ein echtzeitfähiges FMCW-Radarsystem bei 80 GHz für Freiraummessungen einschließlich eines FPGAs zur Signalverarbeitung wird vorgestellt. Das System wird in Werkzeugmaschinen eingesetzt und erreicht in einem Prototyp Genauigkeiten im Mikrometerbereich.

Durch diese Arbeit werden folgende, wesentliche Erkenntnisse gewonnen:

- Bei bekannten Parametern (Bandbreite, SNR, Frequenz und Anzahl der Abtastwerte) eines FMCW-Radars kann mit der ermittelten CRB erstmals ein theoretisches Maximum der erreichbaren Genauigkeit festgestellt werden. Durch diese Grenze ist es bereits im Vorfeld von Messungen möglich abzuschätzen, ob ein Radar in der Lage ist eine gewünschte Genauigkeit zu erreichen.
- Der vorgeschlagene Algorithmus zur Auswertung von Frequenz und Phase kann auch bei sich bewegenden Radarzielen angewendet werden und ein auftretender Doppler-Effekt vollständig kompensiert werden. Für sich bewegende Radarziele wird daher eine vergleichbare Genauigkeit wie bei statischen Radarzielen erreicht. Die Genauigkeit der Entfernungsmessung mit FMCW-Radaren unter Doppler-Einfluss ist unübertroffen.
- Der entwickelte iterative CZT-Algorithmus erlaubt eine echtzeitfähige Auswertung von ZF-Signalen und ist erfolgreich in FPGAs implementiert. Echtzeitmessungen mit zuvor nicht erreichten Genauigkeiten werden demonstriert. Durch den NLLS mit einem erweiterten Signalmodell ist es erstmals möglich, systematische Störungen zu erfassen und die Genauigkeit von Entfernungsmessungen zu maximieren.

- Mit allen eingesetzten FMCW-Radaren können beispiellose Genauigkeiten im Mikrometerbereich erreicht werden. In Hohlleitermessungen mit dem 24 GHz FMCW-Radar wird eine hervorragende Genauigkeit besser als 5 µm erzielt [70]. Zum ersten Mal werden in Freiraummessungen mit den geringen Bandbreiten des ISM-Bands des 61 GHz FMCW-Radars mit 500 MHz Bandbreite und des 122 GHz FMCW-Radars mit 1 GHz Bandbreite Genauigkeiten besser als 26 µm [71] und 2 µm [75] erzielt. Wenn die vollständige Bandbreite von 25 GHz des 80 GHz FMCW-Radars verwendet wird, können unübertroffene Genauigkeiten besser als 1 µm erreicht werden.
- Durch die erfolgreiche Integration des FMCW-Radars in industrielle Maschinen zur Entfernungsmessung, unter anderem in Hydraulikzylinder und Werkzeugmaschinen, konnten die theoretischen Ansätze in der Praxis erfolgreich verifiziert werden.

Mit den in dieser Arbeit vorgestellten Methoden können unterschiedlichste FMCW-Radare verwendet werden, um Entfernungsmessungen mit Genauigkeiten im Mikrometerbereich durchzuführen. Zahlreiche Anwendungen sind denkbar, da die geringe Größe und die immer kostengünstigere Herstellung der Radare als SMD-Chips sich nicht nur als Ersatz bestehender Entfernungsmesssysteme eignet, sondern auch völlig neue Möglichkeiten der Entfernungsmessung erlaubt.

Literaturverzeichnis

[1] Part 15 Rules for Unlicensed Operation in the 57-64 GHz Band. Technical Report ET Docket No. 07-113, RM-11104, Federal Communications Commission, August 2013.

[2] M.A. Abou-Khousa, D.L. Simms, S. Kharkovsky, and R. Zoughi. High-resolution short-range wideband FMCW radar measurements based on MUSIC algorithm. In *IEEE Instrumentation and Measurement Technology Conference*, pages 498–501, Mai 2009.

[3] R. Afroz. *Influence of Radar Targets and its Surroundings on the Accuracy of FMCW Radar*. Masterarbeit, Institut für Hochfrequenztechnik und Elektronik, KIT, 2016.

[4] D. Agrez. Weighted multipoint interpolated DFT to improve amplitude estimation of multifrequency signal. *IEEE Transactions on Instrumentation and Measurement*, 51(2):287–292, April 2002.

[5] D. Agrez. Analysis of the Residual Spectrum in ADC Dynamic Testing. In *Proceedings of the IEEE Instrumentation and Measurement Technology Conference*, pages 1033–1037, 2006.

[6] M. Aiello, A. Cataliotti, and S. Nuccio. A comparison of spectrum estimation techniques for nonstationary signals in induction motor drive measurements. *IEEE Transactions on Instrumentation and Measurement*, 54(6):2264–2271, 2005.

[7] H. Akaike. Information theory and an extension of the maximum likelihood principle. In B. N. Petrov and F. Csaki, editors, *Second International Symposium on Information Theory*, pages 267–281, Budapest, 1973. Akadémiai Kiado.

[8] S. Ayhan. *Hochgenaue radarbasierte Abstandsmessung mit geführter Wellenausbreitung*. KIT Scientific Publishing, 2016.

[9] S. Ayhan, M. Pauli, T. Kayser, S. Scherr, and T. Zwick. FMCW radar system with additional phase evaluation for high accuracy range detection. In *European Radar Conference (EuRAD)*, pages 117–120, 2011.

[10] S. Ayhan, S. Scherr, A. Bhutani, M. Pauli, and T. Zwick. Radar sensor for waveguide based distance measurements in machine tool components. In *IEEE MTT-S International Conference on Microwaves for Intelligent Mobility (ICMIM)*, pages 1–4, April 2015.

[11] S. Ayhan, S. Scherr, A. Bhutani, M. Pauli, and T. Zwick. System Simulation for FMCW Radar in Industrial Applications. In *IEEE Topical Conference on Wireless Sensors and Sensor Networks (WiSNet)*, Januar 2016.

[12] S. Ayhan, S. Scherr, P. Pahl, T. Kayser, M. Pauli, and T. Zwick. High-Accuracy Range Detection Radar Sensor for Hydraulic Cylinders. *IEEE Sensors Journal*, 14(3):734–746, März 2014.

[13] S. Ayhan, S. Scherr, P. Pahl, S. Walde, M. Pauli, and T. Zwick. Radar-Based High-Accuracy Angle Measurement Sensor Operating in the K-Band. *IEEE Sensors Journal*, 15(2):937–945, Februar 2015.

[14] S. Ayhan, S. Scherr, M. Pauli, and T. Zwick. FMCW radar in oil-filled waveguides for range detection in hydraulic cylinders. In *European Radar Conference (EuRAD)*, pages 63–66, Oktober 2012.

[15] S. Ayhan, S. Thomas, N. Kong, S. Scherr, M. Pauli, T. Jaeschke, J. Wulfsberg, N. Pohl, and T. Zwick. Millimeter-wave radar distance measurements in micro machining. In *IEEE Topical Conference on Wireless Sensors and Sensor Networks (WiSNet)*, pages 65–68, Januar 2015.

[16] S. Ayhan, V. Vu-Duy, P. Pahl, S. Scherr, M. Hübner, J. Becker, and T. Zwick. FPGA controlled DDS based frequency sweep generation of high linearity for FMCW radar systems. In *German Microwave Conference (GeMiC)*, pages 1–4, März 2012.

[17] D. Banerjee. *PLL Performance, Simulation and Design*. Dog Ear Publishing, LLC, 2006.

[18] F. Barbon, G. Vinci, S. Lindner, R. Weigel, and A. Koelpin. A six-port interferometer based micrometer-accuracy displacement and vibration measurement radar. In *IEEE MTT-S International Microwave Symposium Digest (MTT)*, pages 1–3, Juni 2012.

[19] J. Bauer, D. Kern, S. Ayhan, S. Scherr, J. Fleischer, W. Seemann, and T. Zwick. Planar positioning stage for micro machining. *Production Engineering*, 7(5):511–516, 2013.

[20] S. Beer. *Methoden und Techniken zur Integration von 122 GHz Antennen in miniaturisierte Radarsensoren* KIT Scientific Publishing, 2013.

[21] A. Bhutani. *High Precision Frequency Detection Algorithms for Radar Applications*. Masterarbeit, Institut für Hochfrequenztechnik und Elektronik, KIT, 2012.

[22] Leo I. Bluestein. A Linear Filtering Approach to the Computation of the Discrete Fourier Transform. *Northeast Electronics Research and Engineering Meeting Record*, pages 218–219, 1968.

[23] T. Bosch and M. Lescure. *Selected papers on laser distance measurements*. SPIE milestone series. SPIE Optical Engineering Press, 1995.

[24] Jr. Budge, M.C. and M.P. Burt. Range correlation effects in radars. In *Record of the 1993 IEEE National Radar Conference*, pages 212–216, 1993.

[25] C. G. Bachman. Radar Targets. *NASA STI/Recon Technical Report A*, 83, 1982.

[26] C. Candan. A Method For Fine Resolution Frequency Estimation From Three DFT Samples. *IEEE Signal Processing Letters*, 18(6):351–354, 2011.

[27] R. Crochiere and L. Rabiner. *Multirate Digital Signal Processing*. Prentice Hall, 1983.

[28] A. Croeze, L. Pittman, and W. Reynolds. Solving Non-linear Leastsquares Problems With The Gauss-Newton Method And Lenenberg-Marquardt Methods. 2012.

[29] F.A. de Leon and Jr. Marciano, J.J.S. Application of MUSIC, ESPRIT and SAGE Algorithms for Narrowband Signal Detection and Localization. In *IEEE Region 10 Conference TENCON*, pages 1–4, November 2006.

[30] A. P. Dempster, N. M. Laird, and D. B. Rubin. Maximum likelihood from incomplete data via the EM algorithm. *Journal of the Royal Statistical Society: Series B*, 39(1):1–38, 1977.

[31] J.P. Deyst, T.M. Sounders, and Jr. Solomon, O. Bounds on least-squares four-parameter sine-fit errors due to harmonic distortion and noise. *IEEE Transactions on Instrumentation and Measurement*, 44(3):637–642, 1995.

[32] DFG-Schwerpunktprogramm. SPP1476 Projekt Homepage. `http://www.SPP1476.de`, 2014.

[33] J.A. Eichmeier and M. Thumm. *Vacuum Electronics: Components and Devices*. Springer Berlin Heidelberg, 2008.

[34] R. Feger, S. Schuster, S. Scheiblhofer, and A. Stelzer. Sparse antenna array design and combined range and angle estimation for FMCW radar sensors. In *IEEE Radar Conference*, pages 1–6, Mai 2008.

[35] J.A. Fessler and A.O. Hero. Space-alternating generalized expectation-maximization algorithm. *IEEE Transactions on Signal Processing*, 42(10):2664–2677, Oktober 1994.

[36] B. Fischbach. *FPGA basierte Basisbandsignalverarbeitung zur Analyse und Grenzbetrachtung von Abstandsmessungen*. Masterarbeit, Institut für Hochfrequenztechnik und Elektronik, KIT, 2013.

[37] J. Fleischer, W. Seemann, T. Zwick, S. Ayhan, J. Bauer, D. Kern, and S. Scherr. Antriebsmodul für die Mikrobearbeitung. *Werkstattstechnik online*, 11(12):724–729, 2012.

[38] P. Gulden, M. Vossiek, E. Storck, and P. Heide. Application of state space frequency estimation techniques to radar systems. In *IEEE International Conference on Acoustics, Speech, and Signal Processing*, volume 5, pages 2877–2880, 2001.

[39] P. Hansen, K. Scheff, E. Mokole, and E. Tomas. Dual frequency measurements of ocean forward scatter with an ultrawideband radar. In *Proceedings of the IEEE Radar Conference*, pages 376–381, 2001.

[40] F.J. Harris. On the use of windows for harmonic analysis with the discrete Fourier transform. *Proceedings of the IEEE*, 66(1):51–83, Januar 1978.

[41] J. Hofmann. *Implementierung und Analyse von Frequenz- und Phasenschätzern im Zeitbereich zur hochgenauen Positionsdetektion in FMCW-Radaren.* Bachelorarbeit, Institut für Hochfrequenztechnik und Elektronik, KIT, 2014.

[42] J. Huettner, R. Gierlich, A. Ziroff, and R. Weigel. A low cost Ultra-Wide-Band Pulse Radar in a guided wave gauging application. In *European Radar Conference (EuRAD)*, pages 101–104, September 2009.

[43] International Telecommunication Union. G013. What is meant by ISM applications and how are the related frequencies used? `http://www.itu.int/ITU-R/terrestrial/faq/index.html#g013`, Juni 2014.

[44] T. Jaeschke, C. Bredendiek, S. Küppers, and N. Pohl. High-Precision D-Band FMCW-Radar Sensor Based on a Wideband SiGe-Transceiver MMIC. *IEEE Transactions on Microwave Theory and Techniques*, 62(12):3582–3597, Dezember 2014.

[45] T. Jaeschke, M. Vogt, C. Baer, C. Bredendiek, and N. Pohl. Improvements in Distance Measurement and SAR-Imaging Applications by Using Ultra-High Resolution mm-Wave FMCW Radar Systems. In *2012 IEEE MTT-S International Microwave Symposium Digest (MTT)*, Montreal, Juni 2012.

[46] F. Johannaber. *Kunststoff-Maschinenführer.* Hanser, 2004.

[47] K. Kroschel K.-D. Kammeyer. *Digitale Signalverarbeitung - Filterung und Spektralanalyse mit MATLAB®-Übungen.* Vieweg+Teubner-Verlag, Wiesbaden, Germany, 7 edition, April 2009.

[48] Steven M. Kay. *Fundamentals Of Statistical Signal Processing: Estimation Theory.* Prentice Hall, Inc., 1993.

[49] U. Kiencke and R. Eger. *Messtechnik*. Springer Verlag, 6. auflage edition, 2005. ISBN 3-540-24310-0.

[50] U. Kiencke, M. Schwarz, and T. Weickert. *Signalverarbeitung - Zeit-Frequenz-Analyse und Schätzverfahren*. Oldenbourg, München, 2008.

[51] T.J. Licznerski, J. Jaroński, and D. Kosz. Ultrasonic system for accurate distance measurement in the air. *Ultrasonics*, 51(8):960 – 965, 2011.

[52] S. Lindner, F. Barbon, S. Linz, S. Mann, R. Weigel, and A. Koelpin. Distance measurements based on guided wave 24 GHz dual tone six-port radar. In *European Radar Conference (EuRAD)*, pages 57–60, Oktober 2014.

[53] S. Lindner, F. Barbon, S. Mann, G. Vinci, R. Weigel, and A. Koelpin. Dual tone approach for unambiguous six-port based interferometric distance measurements. In *IEEE MTT-S International Microwave Symposium Digest (IMS)*, pages 1–4, Juni 2013.

[54] Lübchen, P. *Integration und Analyse eines K-Band Radarsystems*. Diplomarbeit, Institut für Hochfrequenztechnik und Elektronik, KIT, 2012.

[55] K. Madsen, H. B. Nielsen, and O. Tingleff. Methods for Non-Linear Least Squares Problems, 2004.

[56] S. Mann, S. Lindner, F. Barbon, S. Linz, A. Talai, R. Weigel, and A. Koelpin. A tank level sensor based on Six-Port technique comprising a quasi-TEM waveguide. In *IEEE Topical Conference on Wireless Sensors and Sensor Networks (WiSNet)*, pages 4–6, Januar 2014.

[57] T. Musch. A high precision 24-GHz FMCW radar based on a fractional-N ramp-PLL. *IEEE Transactions on Instrumentation and Measurement*, 52(2):324–327, April 2003.

[58] T. Musch, N. Pohl, M. Gerding, B. Will, J. Hausner, and B. Schiek. Radar Distance Measurements in Over-sized Circular Waveguides. In *European Microwave Conference*, pages 1036–1039, September 2006.

[59] M. Norgia, G. Giuliani, and S. Donati. Absolute Distance Measurement With Improved Accuracy Using Laser Diode Self-Mixing Interferometry in a Closed Loop. *IEEE Transactions on Instrumentation and Measurement*, 56(5):1894–1900, Oktober 2007.

[60] D.S. Nyce. *Linear position sensors: theory and application.* Wiley-Interscience, 2004.

[61] Ian R. Petersen. *Robust Kalman Filtering for Signals and Systems with Large Uncertainties*. Birkhauser Boston, 1st edition, 1999.

[62] M. Pichler, P. Gulden, M. Vossiek, and A. Stelzer. A 24-GHz tank level gauging system with state-space frequency estimation and a novel adaptive model order selection algorithm. In *IEEE MTT-S International Microwave Symposium Digest*, volume 3, pages 1953–1956, Juni 2003.

[63] N. Pohl, M. Gerding, B. Will, T. Musch, J. Hausner, and B. Schiek. High Precision Radar Distance Measurements in Overmoded Circular Waveguides. *IEEE Transactions on Microwave Theory and Techniques*, 55(6):1374–1381, Juni 2007.

[64] N. Pohl, T. Jaeschke, and K. Aufinger. An Ultra-Wideband 80 GHz FMCW Radar System Using a SiGe Bipolar Transceiver Chip Stabilized by a Fractional-N PLL Synthesizer. *IEEE Transactions on Microwave Theory and Techniques*, 60(3):757–765, März 2012.

[65] N. Pohl, T. Jaeschke, S. Scherr, S. Ayhan, M. Pauli, T. Zwick, and T. Musch. Radar measurements with micrometer accuracy and nanometer stability using an ultra-wideband 80 GHz radar system. In *IEEE Topical Conference on Wireless Sensors and Sensor Networks (WiSNet)*, pages 31–33, Januar 2013.

[66] N. Pohl, T. Klein, K. Aufinger, and H.-M. Rein. A Low-Power Wideband Transmitter Front-End Chip for 80 GHz FMCW Radar Systems With Integrated 23 GHz Downconverter VCO. *IEEE Journal of Solid State Circuits*, 47(9):1974–1980, September 2012.

[67] N. Pohl, H.-M. Rein, T. Musch, K. Aufinger, and J. Hausner. SiGe Bipolar VCO With Ultra-Wide Tuning Range at 80 GHz Center Frequency. *IEEE Journal of Solid State Circuits*, 44(10):2655–2662, Oktober 2009.

[68] L. Rabiner, R.W. Schafer, and C.M. Rader. The chirp z-transform algorithm. *IEEE Transactions on Audio and Electroacoustics*, 17(2):86–92, 1969.

[69] R. Roy, A. Paulraj, and T. Kailath. Estimation of Signal Parameters via Rotational Invariance Techniques - ESPRIT. In *IEEE Military Communications Conference - Communications-Computers: Teamed for the 90's*, volume 3, pages 41.6.1–41.6.5, Oktober 1986.

[70] S. Scherr, S. Ayhan, B. Fischbach, A. Bhutani, M. Pauli, and T. Zwick. An Efficient Frequency and Phase Estimation Algorithm With CRB Performance for FMCW Radar Applications. *IEEE Transactions on Instrumentation and Measurement*, 64(7):1868–1875, Juli 2015.

[71] S. Scherr, S. Ayhan, H. Gulan, M. Pauli, and T. Zwick. 61 GHz ISM band FMCW Radar For Applications Requiring High Accuracy. In *Asia-Pacific Microwave Conference (APMC)*, pages 1118–1120, November 2014.

[72] S. Scherr, S. Ayhan, J. Hofmann, M. Pauli, and T. Zwick. Sweep time variation algorithm for high accuracy FMCW radar measurements. In *German Microwave Conference (GeMiC)*, pages 182–185, März 2015.

[73] S. Scherr, S. Ayhan, M. Pauli, W. Winkler, and T. Zwick. Parametric Estimation of Distances with a 122 GHz FMCW Radar System. In *IEEE MTT-S International Conference on Microwaves for Intelligent Mobility (ICMIM)*, Mai 2016.

[74] S. Scherr, S. Ayhan, M. Pauli, and T. Zwick. Accuracy limits of a K-band FMCW radar with phase evaluation. In *European Radar Conference (EuRAD)*, pages 246–249, Oktober 2012.

[75] S. Scherr, B. Göttel, S. Ayhan, A. Bhutani, M. Pauli, W. Winkler, J.C. Scheytt, and T. Zwick. Miniaturized 122 GHz ISM Band FMCW Radar with Micrometer Accuracy. In *European Radar Conference (EuRAD)*, pages 277–280, September 2015.

[76] R. Schmidt. Multiple emitter location and signal parameter estimation. *IEEE Transactions on Antennas and Propagation*, 34(3):276–280, März 1986.

[77] Y.L. Sit, C. Sturm, J. Baier, and T. Zwick. Direction of arrival estimation using the MUSIC algorithm for a MIMO OFDM radar. In *IEEE Radar Conference*, pages 0226–0229, Mai 2012.

[78] M. Skolnik. *Radar Handbook*. Electronics electrical engineering. McGraw-Hill Education, 2008.

[79] M.I. Skolnik. *Introduction to Radar Systems*. Tata McGraw Hill, 2003.

[80] A. Stelzer, C. G. Diskus, K. Lubke, and H. W. Thim. A microwave position sensor with submillimeter accuracy. *IEEE Transactions on Microwave Theory and Techniques*, 47(12):2621–2624, Dezember 1999.

[81] A. Stelzer and M. Pichler. Resolution Enhancement with Model-Based Frequency Estimation Algorithms in Radar Signal Processing. *Subsurface Sensing Technologies and Applications*, 4(3):241–261.

[82] Jr. T. G. Stockham. High-speed Convolution and Correlation. In *Proceedings of the Spring Joint Computer Conference*, AFIPS '66 (Spring), pages 229–233, New York, NY, USA, 1966. ACM.

[83] A. Strobel, C. Carlowitz, R. Wolf, F. Ellinger, and M. Vossiek. A Millimeter-Wave Low-Power Active Backscatter Tag for FMCW Radar Systems. *IEEE Transactions on Microwave Theory and Techniques*, 61(5):1964–1972, Mai 2013.

[84] M. Thumm, W. Wiesbeck, and S. Kern. *Hochfrequenzmeßtechnik: Verfahren und Meßsysteme*. Vieweg+Teubner Verlag, 1997.

[85] K. Thurn, R. Ebelt, and M. Vossiek. Noise in Homodyne FMCW radar systems and its effects on ranging precision. In *IEEE MTT-S International Microwave Symposium Digest (IMS)*, pages 1–3, Juni 2013.

[86] M. Tschudin, C. Brunner, T. Kurpjuhn, M. Haardt, and J.A. Nossek. Comparison between unitary ESPRIT and SAGE for 3-D channel sounding. In *IEEE 49th Vehicular Technology Conference*, volume 2, pages 1324–1329, Juli 1999.

[87] Y. Venot and W. Wiesbeck. 76.5 GHz radar sensor for contact-free distance measurement with micrometer accuracy. In *Proceedings of IEEE Sensors*, volume 1, pages 216–221, Oktober 2003.

[88] H. Walcher. *Position sensing: angle and distance measurement for engineers*. Butterworth-Heinemann, 1994.

[89] B. Widrow, K. Duvall, R.P. Gooch, and W. Newman. Signal cancellation phenomena in adaptive antennas: Causes and cures. *IEEE Transactions on Antennas and Propagation*, 30(3):469–478, Mai 1982.

[90] H. Winner, S. Hakuli, and G. Wolf. *Handbuch Fahrerassistenzsysteme: Grundlagen, Komponenten und Systeme für aktive Sicherheit und Komfort : mit 550 Abbildungen und 45 Tabellen*. ATZ-MTZ-Fachbuch. Vieweg + Teubner, 2009.

[91] J. P. Wulfsberg, A. Verl, K.-H. Wurst, S. Grimske, C. Batke, and T. Heinze. Modularity in small machine tools. *Production Engineering*, 7(5):483–490, 2013.

[92] Zentrales Innovationsprogramm Mittelstand. Entwicklung eines neuen Radar-basierten Verfahrens zur Positionsüberwachung von Kolbenstangen in Hydraulikzylindern, Abschlussbericht. `http://www.zim-bmwi.de/`, Dezember 2011.

[93] Zentrales Innovationsprogramm Mittelstand. Entwicklung einer selbstorganisierenden, prozessadaptiven Roboterzelle für die flexible Automation, Abschlussbericht. `http://www.zim-bmwi.de/`, Dezember 2013.